Santosh Kumar Chaudhary
Ajeet Pratap Singh
Rajeew Kumar

Desempenho da cultura do trigo sob fosfato de rocha acidulado

Santosh Kumar Chaudhary
Ajeet Pratap Singh
Rajeew Kumar

Desempenho da cultura do trigo sob fosfato de rocha acidulado

Fosfato de rocha; uma fonte de fertilizante de fósforo no trigo

ScienciaScripts

Imprint
Any brand names and product names mentioned in this book are subject to trademark, brand or patent protection and are trademarks or registered trademarks of their respective holders. The use of brand names, product names, common names, trade names, product descriptions etc. even without a particular marking in this work is in no way to be construed to mean that such names may be regarded as unrestricted in respect of trademark and brand protection legislation and could thus be used by anyone.

Cover image: www.ingimage.com

This book is a translation from the original published under ISBN 978-620-2-06101-8.

Publisher:
Sciencia Scripts
is a trademark of
Dodo Books Indian Ocean Ltd. and OmniScriptum S.R.L publishing group

120 High Road, East Finchley, London, N2 9ED, United Kingdom
Str. Armeneasca 28/1, office 1, Chisinau MD-2012, Republic of Moldova, Europe
Printed at: see last page
ISBN: 978-620-8-32634-0

RECONHECIMENTO

É com grande alegria que aproveito esta rara oportunidade para manifestar o meu profundo sentimento de reverência e gratidão ao Dr. Rajeew Kumar, investigador júnior, Departamento de Agronomia, e aos presidentes do meu Comité Consultivo, pela sua orientação inspiradora, encorajamento constante, cooperação sem limites, críticas construtivas e afeto reconfortante durante todo o curso da investigação e preparação deste manuscrito. Expresso a minha mais profunda gratidão aos estimados membros do meu Comité Consultivo, Dr. Anand Prakash, Professor Dr. V. P. Singh, Professor, Dr. A. P. Singh, Investigador Júnior, pelas suas valiosas sugestões e orientações durante todo o curso desta investigação. Gostaria de estender os meus sinceros agradecimentos ao Diretor do Departamento de Agronomia, Dr. S K Saini, pela sua amável cooperação e constante encorajamento. Tenho uma dívida de gratidão para com o Diretor Conjunto do Centro de Investigação de Culturas N. E. Borlaug, o Reitor da Faculdade de Agricultura, o Reitor da Faculdade de Pós-Graduação, o Diretor da Estação Experimental, o Conservador e todos os membros do corpo docente do Departamento de Agronomia, pela disponibilização atempada de várias instalações e pela preferência gentilmente concedida para a realização deste estudo.

Os meus sinceros agradecimentos ao Conselho Indiano de Investigação Agrícola por me ter concedido uma bolsa de investigação ICAR-Junior durante o meu programa de mestrado.

Gostaria também de expressar os meus sinceros agradecimentos à FCI Aravali Gypsum & Minerals India Ltd. Jodhpur, pelo fornecimento atempado e financiamento dos factores de produção para a realização da experiência.

Este livro é dedicado à minha querida mulher, Neha Sinha.

Pantnagar
julho, 2010

(Santosh Kumar Chaudhary)
Autor

ÍNDICE DE CONTEÚDOS

Capítulo 1

INTRODUÇÃO

O trigo *(Triticum aestivum* L.) é a segunda cultura alimentar básica mais importante do país. A cultura do trigo é cultivada em 28,71 milhões de hectares, com uma produção de 80,58 milhões de toneladas e uma produtividade de 2,80 toneladas ha^{-1} **(Anónimo, 2009).** No entanto, a procura projectada é de 93 milhões de toneladas até 2020 D.C. **(visão DWR, 2025)**. Assim, há uma necessidade urgente de aumentar a produção e a produtividade do trigo para satisfazer a procura da população em crescimento. Há vários factores envolvidos na produção de trigo, nomeadamente a seleção do local, a preparação do campo, os métodos de sementeira, a irrigação, a gestão das ervas daninhas, etc., mas a gestão dos nutrientes desempenha um papel vital. Em todos os nutrientes primários e secundários envolvidos na produção vegetal, o fósforo é de importância fundamental. Tem uma ampla influência no crescimento e desenvolvimento das plantas e desempenha uma série de funções no metabolismo das plantas, desde a divisão celular ao desenvolvimento das raízes, armazenamento de energia, transferência e maturação uniforme das culturas **(Singh e Rai, 2003).** Os solos indianos são geralmente pobres em fósforo disponível. No entanto, a agricultura intensiva resultou numa maior depleção do fósforo disponível em grande medida. Entre os principais nutrientes utilizados na produção vegetal, a eficiência da utilização do fósforo é mínima devido à fixação e à lenta mobilidade do fósforo aplicado, o que resulta numa baixa recuperação das culturas (20-25%). O fosfato de diamónio, SSP, TSP e nitrofosfatos são fertilizantes químicos conhecidos utilizados para a nutrição de fósforo. No entanto, a sua fixação no solo para uma forma insolúvel é relativamente maior **(Sekhar *et al.*, 2002).** Por conseguinte, é necessário procurar formas e meios de desenvolver um sistema de gestão do fósforo que possa utilizar da melhor maneira o fósforo aplicado e residual nos solos, aumentando assim a eficiência da utilização do fósforo. O fosfato de rocha é uma fonte alternativa de fósforo para aplicação direta, porque é um agregado de microcristais pouco consolidado, com uma área de superfície específica relativamente grande e uma maior proporção de substituição isomórfica. **(Rajan *et al.*, 1996 e Zapata, 2003).** Contém cerca de 50% do seu P total O_{25} como fosfato tri-cálcico, que não é solúvel em água nem em citrato. Mas a sua solubilidade pode ser aumentada pela adição de ácidos ou substâncias formadoras de ácido, o que aumenta o poder de fornecimento de fósforo do fosfato de rocha na presença de matérias orgânicas em decomposição. Estas matérias orgânicas, ao decomporem-se, libertam CO_2, ácido cítrico, ácido malónico, ácido fúlvico e outros ácidos orgânicos que, por sua vez, atacam o fosfato tricálcico insolúvel do fosfato de rocha, convertendo-o em água e em ácido cítrico solúvel. Alguns microrganismos como *Bacillus megatherium* var-*phosphaticum* e fungos decompositores de celulose *Phanerochaet chrysosporium* também aumentam a disponibilidade de fósforo **(Sekhar *et al.*, 2002).** A solubilização microbiana de fosfatos de rocha e a utilização de materiais acidulantes como estrume de quinta, resíduos de culturas e lama de prensa estão a receber maior atenção nos dias de hoje. Por conseguinte, é necessária a acidulação do fosfato de rocha. Este processo não só compensa o custo mais elevado de fabrico de fertilizantes na indústria, como também aumenta a mobilidade dos nutrientes no solo. O aumento da procura e do custo dos adubos fosfatados químicos tornou necessária uma investigação para utilizar a grande reserva de fosfatos de rocha de baixo grau que pode ser uma alternativa aos adubos fosfatados químicos.

Tendo em conta o que precede, foi realizada uma experiência intitulada "Desempenho da cultura do trigo sob fosfato de rocha acidulado" com os seguintes objectivos

1. Estudar o efeito dos fosfatos de rocha acidulados no desempenho da cultura do trigo.
2. estudar o efeito dos fosfatos de rocha acidulados na absorção de nutrientes pela cultura do trigo e
3. estudar o efeito do fosfato de rocha acidulado sobre o azoto, o fósforo e o potássio do solo.

Capítulo 2

Revisão da literatura

Neste capítulo, foi feita uma tentativa de rever a literatura disponível no que respeita ao "Desempenho da cultura do trigo sob fosfato de rocha acidulado". Os pontos de vista foram compilados sob vários títulos em relação à acidulação, aos materiais acidulantes, ao crescimento e desenvolvimento, ao rendimento e aos caracteres que atribuem rendimento e ao efeito dos tratamentos na absorção de fósforo, disponibilidade, solubilidade e saúde do solo.

2.1 Acidulação

A acidulação de fosfato de rocha tem sido considerada como um meio possível de minimizar a capacidade de fixação de fósforo dos solos ácidos. Em geral, as respostas das plantas, aliadas à economia da sua produção, fazem do fosfato de rocha acidulado uma das formas mais desejáveis de aumentar a eficácia do fosfato de rocha e uma possível fonte alternativa de fósforo ao superfosfato simples **(Mclean e Ssali, 1977).** A eficácia do fosfato de rocha acidulado depende das práticas diretas *(ou seja,* acidulação do fosfato de rocha antes de o aplicar ao solo) ou indirectas *(ou seja,* quando o fosfato de rocha é adicionado ao solo e misturado com materiais altamente oxidantes). A acidulação direta produziu mais fósforo disponível em comparação com a indireta, em que o teor disponível de fosfato de rocha dessa mistura é pouco diferente no momento da sua aplicação ao solo **(Marwaha, 1983).** O desempenho inicial do fosfato de rocha como tal é inferior **(Khasawneh e Doll, 1978; Marwaha *et al.*, 1981).** A menor eficácia do fosfato de rocha em comparação com o superfosfato é o resultado de pouca ou nenhuma solubilidade em água. Por conseguinte, a acidulação é uma forma de aumentar a sua solubilidade. Ao longo dos anos, foram compiladas provas da eficácia agronómica do fosfato de rocha acidulado em relação ao superfosfato, o que revela a viabilidade da sua utilização como fertilizante em solos ácidos.

Vários relatórios mostraram evidentemente que, para obter melhores resultados, o fosfato solúvel em água deve ser aplicado em faixas e o fosfato insolúvel por difusão **(Tisdale e Nelson, 1975).** No entanto, existem informações controversas no que respeita ao método adequado de aplicação de fosfato de rocha acidulado no solo. Numa experiência de cultura em vaso, **Mclean e Wheeler (1964)** compararam o método de aplicação de fosfato de rocha acidulado, aplicando-o em faixas e misturando-o com o solo.

Os resultados mostraram que um nível mais baixo de acidulação *(i.e.* até 20%) na aplicação em faixas e um nível mais elevado de acidulação na mistura com o solo têm melhor rendimento. Do mesmo modo, **Ashby *et al.* (1966)** referiram que o fosfato de rocha misturado com o solo proporcionava um rendimento e uma recuperação de fósforo mais elevados para o centeio do que a aplicação de faixas. Por outro lado, **Marwaha (1981)** verificou que a colocação em banda de fosfato de rocha acidulado era significativamente melhor do que a difusão e a mistura em solo ácido para o trigo em condições de campo.

2.2 Fosfato de rocha e materiais acidulantes

O fosfato de rocha é um mineral portador de fósforo que ocorre em todos os ambientes geológicos - depósitos sedimentares, metamórficos e ígneos. Depósitos de todas as três classes são extraídos e beneficiados para obter fosfato de rocha. Destes três depósitos, as rochas sedimentares são as mais importantes, com cerca de 85% da rocha fosfática extraída em todo o mundo proveniente de tais depósitos **(Notholt, 1974).** As rochas fosfáticas são também classificadas de acordo com a sua composição mineralógica **(Mcclellan e Gremillion, 1979)** em três tipos. Por ordem crescente de importância económica, são os fosfatos Fe-Al, os fosfatos Ca-Fe-Al e os fosfatos de cálcio. A terceira classe consiste nos conhecidos grupos de minerais apatíticos. A estrutura é exemplificada pela fluorapatite Ca_{10} (PO) F_{462} . Estas apatitas apresentam uma extensa substituição isomórfica nos solos, pelo que têm uma grande variação na composição química e apresentam uma vasta gama de propriedades. Consistem em agregados de microcristais bastante abertos e pouco consolidados com uma área de superfície específica relativamente grande **(Rajan *et al.*, 1996 e Zapta, 2003).** O teor de fosfato do fosfato de rocha é de pelo menos 20%, o que representa um grande enriquecimento em relação ao teor típico das rochas sedimentares, que é inferior a 0,2% **(Blatt e Tracy, 1996).** Os fosfatos de rocha podem ser utilizados como matérias-primas no fabrico de adubos fosfatados solúveis em água ou como fontes para aplicação direta na agricultura **(Zapta, 2003).** A maior parte dos fosfatos de rocha provêm de origem sedimentar marinha e são compostos principalmente por apatites. O fosfato de rocha contém 20 por cento de P_2O_5, 35 por cento de cálcio e também vários elementos em quantidades vestigiais. As aplicações diretas de fosfatos de rocha como fertilizante têm várias vantagens. Sendo um mineral natural, requer um processamento mínimo, o que reduz o custo industrial. Sendo um composto natural, pode ser utilizado na agricultura biológica. Com base no custo unitário do fósforo, o fosfato de rocha natural ou indígena é geralmente barato. Os fosfatos de rocha são também fonte de vários nutrientes para além do fósforo.

A gipsita é um mineral muito macio composto por sulfato de cálcio di-hidratado, com a fórmula química $CaSO_4 \cdot 2H_2O$ **(Klein *et al.*, 1985).** É um mineral comum, com espessos e extensos leitos de evaporitos em associação com rochas sedimentares. A palavra gesso deriva da palavra grega que significa "giz" ou "gesso". O gesso ocorre na natureza como cristais achatados e frequentemente geminados e massas transparentes cliváveis chamadas selenite **(Garcia *et al.*, 2007).** É moderadamente solúvel em água 2,0 - 2,5 g/L a 25 °C **(Bock, 1961).** O gesso é utilizado numa grande variedade de aplicações. Utilizado como fertilizante e condicionador do solo. No final do século XVIII e início do século XIX, o gesso da Nova Escócia, frequentemente designado por gesso, era um fertilizante muito procurado nos campos de trigo dos Estados Unidos. É também utilizado na melhoria de solos sódicos **(Oster e Frenkel, 1980),** como monitorização do potencial solo/água (tensão de humidade do solo) e como ingrediente de gesso.

O mineral pirite é um sulfureto de ferro com a fórmula FeS_2. Devido ao seu brilho metálico e à sua cor amarelo-bronze pálido a normal, tem a alcunha de ouro dos tolos devido à sua semelhança com o ouro. A cor também deu origem às alcunhas latão, brazzle **(Jackson *et al.*, 2005).** A pirite encontra-se geralmente associada a outros sulfuretos ou óxidos em veios de quartzo, rochas sedimentares e metamórficas, bem como em camadas de carvão. Apesar de ser apelidada de ouro dos tolos, a pirite é por vezes encontrada em associação com pequenas quantidades de ouro. O mineral, nomeadamente a pirite arseniana, contém até 0,37 wt% de ouro **(Fleet e Mumin, 1997).** Estas pirites, quando expostas ao solo, reagem com o oxigénio e a água para formar sulfato e criar uma condição ácida. Esta acidez resulta da ação das bactérias *Acidithiobacillus*, que geram a sua energia através da oxidação do ferro ferroso (Fe^{2+}) em ferro férrico (Fe^{3+}), utilizando oxigénio. Estas condições ácidas facilitam a disponibilização do fosfato de rocha às plantas **(Fleet e Mumin, 1997).** Existem diferentes variedades de pirites: Bravoite, Cattierite, Vaesite, Calcopirite e Arsenopirite. A calcopirite, de cor amarela mais brilhante com uma tonalidade esverdeada, foi utilizada como material acidulante. Três quartos do enxofre das pirites foram oxidados dentro de 3-4 dias após a aplicação, e produziram ácidos sulfúricos que aumentaram a eficácia do fosfato de rocha **(Singh *et al.*, 1978).** O fosfato de rocha parcialmente acidulado com HCL ou H_2SO_4 a 50-75% pode ser utilizado com sucesso para o cultivo de arroz ou trigo **(Dash *et al.*, 1981).** A aplicação de fosfato de rocha e mistura de pirita (1:2,5) e mistura de superfosfato de fosfato de rocha (1:1) foram igualmente eficazes como superfosfato no aumento do crescimento, tuberização e produção de tubérculos de batata (**Mishra *et al.*, 1983**). O fosfato de rocha acidulado com ácido nítrico e ácido fosfórico em Palampur aumentou a eficácia do fosfato de rocha e teve um efeito semelhante em relação ao rendimento da cultura, absorção de fósforo e recuperação de fósforo (**Marwhah *et al.*, 1983**). Em solos calcários, o extrato de fosfato de rocha teve um efeito semelhante no rendimento como o encontrado no superfosfato (**Dalal *et al.*, 1988**), enquanto que, em solos não calcários, o rendimento diminuiu significativamente devido ao aumento da acidez. Numa experiência, o fósforo solúvel em ácido cítrico aumentou com a adição de pirites (**Bangar *et al.*, 1989**). Numa experiência em estufa, os fosfatos de rocha parcialmente acidulados aumentaram a absorção de fósforo e o rendimento do sorgo e do kodo em relação ao controlo (**Basak *et al.*, 1991**).

Os metabolitos microbianos ou os exsudados das plantas produzem ácidos orgânicos de baixo peso molecular que desempenham um papel significativo na dissolução do fosfato de rocha. Estudos laboratoriais mostraram que os ácidos orgânicos são eficazes na libertação de fósforo de fosfato de rocha de baixa e média reatividade (**Kpomblekou *et al.*, 2003**). Também realizaram uma experiência em que o fosfato de rocha foi aplicado com ácidos oxálico ou cítrico e concluíram que os ácidos têm potencial para aumentar o fósforo disponível para as plantas a partir de solo tratado com fosfato de rocha. Do mesmo modo, **Kpomblekon e Tabatabai (1994)** referiram que a acidulação com ácidos alifáticos, cítricos e oxálicos era muito eficaz na solubilização de fosfato de rocha.

Os fosfatos de rocha misturados com pirites aumentaram a eficiência do fosfato de rocha até 64% a 20 kg de fósforo ha^{-1} em comparação com 97% a 40 kg de fósforo ha^{-1} (**Sharman e Prasad, 1996**). Os teores de azoto, fósforo e enxofre disponíveis no solo aumentaram significativamente com a aplicação de fosfatos de rocha parcialmente acidulados em comparação com fosfatos de rocha não acidulados. No entanto, o teor de Zn disponível diminuiu com o aumento do grau de acidulação (**Yadav, 2006**).

O estrume de quintal (FYM) é uma mistura decomposta de estrume e urina de animais de quinta juntamente com resíduos de alimentos, camas de forragem, etc. A composição do estrume de quintal depende do tipo de animal, da alimentação e da forragem utilizadas, da natureza da cama e do método de armazenamento. Em geral, a FYM contém 0,5% de azoto, 0,25% de $P O_{25}$ e 0,5% de $K_2 O$.

A lama de prensagem é um subproduto das indústrias açucareiras obtido por filtração das impurezas precipitadas que se depositam no processo de clarificação do caldo de cana misturado. Para o efeito, é utilizado o processo de sulfitação com cal e dióxido de enxofre (SO_2). As lamas de prensagem contêm 1,2-2,9 por cento de azoto, 0,6-3,5 por cento de P O_{25} , 0,3-1,8 K_2 O e 880-2500 ppm de Fe.

Os microrganismos desempenham um papel fundamental no ciclo biogeoquímico do ecossistema agrícola **(Gerretsen, 1948).** E a atividade microbiana na rizosfera dissolveu o fósforo para aumentar o crescimento das plantas. As bactérias e as espécies de fungos mostraram a sua importância na solubilização do fósforo. Os fungos *Pencillium* são considerados como um grupo chave da microflora envolvida no ciclo do fósforo **(Whitelaw, 2000)**. Esta atividade é geralmente atribuída à produção de ácidos orgânicos que podem dissolver diretamente os precipitados de fósforo **(Kucey *et al.*, 1989 e Gadd, 1999).** Um relatório apresentado por **Singh e Kapoor (1999)** indicou que a rocha fosfática inoculada com PSB e VAM aumentou o crescimento e a produção de palha da cultura do trigo. A inoculação combinada de fungos VAM e PSM mostrou uma melhor absorção do fósforo nativo do solo, bem como do fósforo do fosfato de rocha **(Azcon *et al.*, 1976)**. O fósforo de fosfato de rocha estava mais disponível com actividades de *Verticillum alboatrum, Papulospora mytilina, Aspergillus awami* e *Paecilomyces fusisporous* **(Singh *et al.*, 1982)**. *Aspergillus niger* e *Penicillum citrinum* tiveram uma atividade elevada na solubilização de fósforo através da redução do pH do solo **(Omar, 1998)**. *Penicillum* sp. exibiu actividades de solubilização de fósforo, são comuns tanto na raiz como no interior de plantas de trigo cultivadas na Austrália **(Wakelin *et al.*, 2004)**.

O fosfato de rocha enriquecido com FYM e fosfobactéria teve um efeito significativo no rendimento do algodão em caroço em comparação com a ausência de enriquecimento **(Srinivasan e Venkatesan, 2002)**. O fosfato de rocha com *Aspergillus niger* teve uma maior capacidade de acidificar os meios de cultura em comparação com o fosfato de rocha com *Penicilium oxalicum* **(Wang *et al.*, 2005).** O fosfato de rocha inoculado com VAM aumentou a absorção e a concentração de fósforo do sésamo **(Prakash e Tandon, 2002).** Uma experiência da Tailândia revelou que a inoculação de *Aspergillus* em fosfato de rocha aumentou a matéria seca e a absorção de fósforo do milho, da soja e do pimentão em relação à ausência de inoculação **(Antarikanonda *et al.*, 1991).** As rizobactérias solubilizadoras de fósforo produzem substâncias reguladoras do crescimento das plantas do tipo auxinas que podem contribuir para o seu efeito estimulante no crescimento das plantas **(Leinhos e Bermann, 1995).** O VAM melhorou a absorção de nutrientes pelas plantas, particularmente o fósforo, em condições de baixa fertilidade, aumentando a superfície de absorção das raízes **(Tarafdar e Kumar, 1996).**

Num meio de cultura, quarenta e dois isolados de solo (31 bactérias e 11 fungos) foram estudados quanto à sua capacidade de solubilizar fosfato de rocha e fosfato de cálcio. Destes, oito bactérias e oito fungos possuíam uma boa capacidade de solubilização e *Pseudomonos cepacia* e *Pnicillum purpurogenum* mostraram a maior atividade **(Nahas, 1996).** O VAM inoculado com fosfato de rocha aumentou a densidade micorrízica da raiz e o teor de nutrientes na cultura do trigo (**Chhabra e Jalali, 1997**). **Dubey *et al.* (1997)** efectuaram um ensaio específico para conhecer a resposta das fontes de fósforo na cultura da soja. Verificaram que o superfosfato à taxa de 60 kg ha^{-1} P O_{25} e o fosfato de rocha à taxa de 30 kg ha^{-1} P O_{25} com *Pseudomonas striata* foram igualmente eficazes no número de nódulos e no peso seco dos nódulos na maioria dos locais.

A inoculação combinada de PSB e de um fungo VAM juntamente com fosfato de rocha de Mussoorie melhorou o rendimento da cultura do trigo num solo arenoso deficiente em nutrientes **(Singh e Kapoor, 1999).** Parâmetros de crescimento como a produção de matéria seca, o peso seco da raiz, o rendimento, a absorção de azoto e de fósforo aumentaram significativamente com a inoculação *de Pseudomonas striata* com *Aspergillus awamori* do que com a inoculação individual ou sem inoculação **(Singh e Rai, 2003).**

2.3 Desempenho da cultura do trigo sob fosfato de rocha acidulado

2.3.1 Crescimento das culturas

2.3.1.1 Matéria seca

Mishra e Gupta (1978) efectuaram uma experiência com uma cultura de milho em que o fosfato de rocha de Mussoorie foi utilizado como fonte de fósforo em solos de colinas ácidas. Os resultados mostraram que a matéria seca era inferior quando os superfosfatos eram aplicados como fertilizante, em comparação com o fosfato de rocha. Fosfocomposto preparado a partir de fosfato de rocha com ou sem mistura de pirites, e aplicado na cultura do amendoim na sequência amendoim-trigo. Os resultados revelaram que o efeito residual do fosfocomposto tinha maior matéria seca de trigo em comparação com o efeito residual do superfosfato simples **(Rasal *et al.*, 2002).**

A aplicação de fosfato de rocha com diferentes combinações de materiais orgânicos na exploração agrícola aumentou o rendimento de matéria seca na cultura do milho **(Waigwa *et al.*, 2003)**. Na sub-superfície ácida, a aplicação de fosfato de rocha teve um efeito semelhante ao encontrado no superfosfato triplo **(Purnamo e Black, 1994).** Eles também relataram que a aplicação de fosfato de rocha antes da semeadura mostrou baixo potencial de produção de matéria seca do que quando foi aplicado no momento da semeadura.

Uma experiência conduzida numa zona semi-árida do norte da Argélia, onde os fosfatos de rocha foram aplicados a 35, 50 e 65 e os superfosfatos triplos a 15, 20 e 25 g/m^2 respetivamente. Os resultados revelaram que ambas as fontes foram igualmente eficazes, relativamente a todos os parâmetros e independentemente da forma dos fertilizantes **(Rahmoune *et al.*, 2001).** O fosfato de rocha aplicado ao solo com pH 5,0 e 5,9, aumentou a biomassa de rebentos de *Tephrosia vogelii* em 94% a pH 5,0 e 35% a pH 5,9 em relação a nenhuma aplicação **(Mkangwa *et al.*, 2004).** O geólito combinado com fosfato de rocha foi aplicado à cultura do trigo e aumentou o rendimento da matéria seca **(Allen *et al.*, 1995).** O fosfato de rocha acidulado aumentou significativamente o rendimento de matéria seca da cultura de trigo em relação à ausência de acidulação, mas foi inferior ao superfosfato simples **(Yadav, 2006).** A eficiência da utilização de fósforo e o comportamento de crescimento de sete cultivares de trigo cultivadas em hidroponia foram estudados utilizando fosfato de rocha como fonte de fósforo. Os resultados revelaram que as cultivares de trigo eram significativamente diferentes na acumulação de biomassa em relação à não aplicação de fósforo **(Ashraf *et al.*, 2009).**

Fósforo fornecido na cultura da ervilha através de superfosfato simples e mistura de fosfato de rocha (50:50) com biofertilizantes como VAM e *Rhizobium.* Os resultados revelaram que as fontes de fosfato, quer SSP ou fosfato de rocha, individualmente ou em combinação com biofertilizante, aumentaram significativamente o crescimento e o rendimento da cultura **(Pandey *et al.*, 2003)**.

Da mesma forma, os fosfatos de rocha inoculados com *Glomus constrictum, Aspergillus niger* e *Penicillum citricidum,* aumentaram significativamente a matéria seca do trigo e o máximo em três inóculos seguidos de inoculação dupla **Omar (1998)**. O fosfato de rocha inoculado com microrganismos aumentou a colonização da raiz e a produção de matéria seca da raiz **(Babana *et al.*, 2006).** Também relataram que *Pseudomonas* sp. parecia ser uma bactéria auxiliar micorrízica, e aumentou significativamente a emergência de plântulas de trigo e causou um aumento de 128% no rendimento de matéria seca da raiz em relação à ausência de inoculação. Parâmetros de crescimento como a produção de matéria seca, o peso seco da raiz e os rendimentos aumentaram significativamente devido ao efeito combinado de *Pseudomonas striata e Aspergillus awamori* em comparação com a inoculação individual e sem inoculação **(Singh e Rai, 2003).** O fosfato de rocha inoculado com VAM e aplicado a 45 kg ha^{-1} produziu biomassa máxima na cultura do sésamo **(Prakash e Tandon, 2002).**

2.3.1.2 Raiz e rebento

Os fosfatos de rocha acidulados em solos ácidos de Palampur aumentaram o crescimento das raízes e dos rebentos da cultura do trigo em relação ao fosfato de rocha isolado **(Marwaha *et al.*, 1983).** O fosfato de rocha aplicado em associação com o VAM à variedade de trigo WH-147, aumentou o peso seco da raiz e do rebento em relação à ausência de inoculação **(Chhabra e Jalali, 1997).** O fosfato de rocha inoculado com VAM aumentou o crescimento da raiz e do rebento na cultura do milho e foi igualmente eficaz como superfosfato triplo **(Remirez *et al.*, 2009).**

2.3.1.3 Altura da planta

Fosfato de rocha aplicado ao solo com pH 5.0 e 5.9. Os resultados indicaram que a altura da planta aumentou 13 por cento a pH 5,9 em comparação com pH 5,0 **(Mkangwa *et al.*, 2004).** Numa experiência em vaso, a combinação de 1,0% de cinamida de hidrogénio com 25 g de fosfato de rocha aumentou a germinação e a altura das plantas de Hevea **(Mercycutty *et al.*, 2002).** A variedade de cultura de trigo WH-147 foi fornecida com fosfato de rocha que foi inoculado com VAM aumentou a altura da planta **Chhabra e Jalali, 1997).** O fosfato de rocha inoculado com microrganismos aumentou a altura da planta **(Babana *et al.*, 2006).**

2.3.1.4 Rendimento e atributos do rendimento

Em solos ácidos de Palampur, o fósforo foi aplicado a 80 kg ha^{-1} P O_{25} através de fosfato de rocha e superfosfato simples. Os resultados mostraram que foi obtido um rendimento estatisticamente semelhante de arroz, milho e trigo com a aplicação de ambas as fontes **(Motsara e Datta, 1971).** Foi efectuada uma experiência em solos arenosos argilosos e o trigo foi utilizado como cultura de ensaio. Os resultados mostraram que a aplicação de 100 kg de P O_{25} ha^{-1} como fosfato de rocha ou superfosfato simples aumentou o rendimento de grãos de 2,2-2,6 toneladas ha^{-1} sem fósforo para 2,25-3,35 e 2,9-3,94 toneladas ha^{-1} respetivamente **(Rana *et al.*, 1975)**

O fosfato de rocha aplicado numa sequência de culturas forrageiras em condições de campo obteve resultados semelhantes aos do superfosfato **(Singh *et al.*, (1979)**. O fosfato de rocha aplicado em associação com FYM ou ácidos fosfóricos aumentou significativamente o rendimento da cultura do trigo **(Marwaha *et al.*, 1981)**. A eficácia agronómica inicial e residual de seis fosfatos de rocha foi testada numa experiência em vaso na cultura do trigo em solos lateríticos. Os resultados mostraram que o fosfato de rocha da Carolina e o fosfato de rocha de Queensland foram superiores às fontes indianas em termos de rendimento 0,05 e 0,37 e eficácia residual de 0,02 e 0,15, respetivamente **(Ghosh e Gilkes, 1986)**. O fosfato de rocha como 60 kg ha^{-1} P2O5 misturado com 400 kg de pirita aumentou o rendimento de grãos de trigo em relação ao fosfato de rocha sozinho **(Verma *et al.*, 1987)**. O fosfato de rocha, quando aplicado à cultura do trigo, aumentou significativamente o rendimento da cultura do milho como seu efeito residual **(Sharma e Bharadwaj, 1991)**. O trigo *var-HD-2285* foi cultivado numa experiência de cultura em vaso em solos franco-arenosos. Os resultados mostraram que o maior rendimento de grãos foi obtido por chorume absorvido com folhas de manga enriquecidas com fosfato de rocha e composto em relação a outros adubos **(Pathak *et al.*, 1992)**.

Uma experiência realizada por **Bolland (1994)** numa cultura de trigo, os resultados revelaram que a aplicação de fosfato de rocha com stress hídrico reduziu o rendimento em 40% e a eficácia de todos os fertilizantes P em 20-60%. O fosfato de rocha acidulado com (HNO_3, HCl, H_2 SO_4 e H_3PO_4-PAMRP) a 25%, 50%, 75% e 100% foi examinado em Inceptisol ácido quanto à eficácia agronómica na sequência feijão-francês-trigo. Onde o PAMRP (fosfato pré-acidulado de Mussoorie) aplicado como 60kg ha^{-1} P2O5, aumentou significativamente o rendimento de grãos de feijão francês (efeito direto) e trigo (efeito residual) sobre o fosfato de Mussoorie e superfosfato simples ambos **(Dwivedi, 1995)**. O fosfato de rocha de Purulia e o fosfato de rocha de Mussoorie foram aplicados em solos ácidos *do tarai* na sequência de culturas arroz-trigo-grama verde e grama verde-rícino-trigo. Os resultados mostraram que o fosfato de rocha de Mussoorie não teve efeito significativo em termos de rendimento, enquanto o fosfato de rocha de Purulia aumentou o rendimento e a absorção de fósforo através do seu efeito direto e residual em todas as culturas, exceto no arroz **(Debnath e Bask, 1986)**.

O fosfato de rocha inoculado com VAM e aplicado à cultura do trigo aumentou o número de grãos por espiga e, em última análise, o rendimento da cultura **(Chhabra e Jalali, 1997)**. Fósforo aplicado através de fosfato de rocha e superfosfato simples com e sem composto na sequência de culturas soja-trigo. Os resultados mostraram que não houve efeito significativo dos tratamentos no rendimento e nos teores de fósforo da cultura da soja, enquanto o rendimento do trigo foi mais elevado na parcela tratada com composto + superfosfato simples **(Verma e Rawat, 1999).** O fosfocomposto feito de fosfato de rocha com ou sem mistura de pirites, e aplicado na cultura do amendoim na sequência amendoim-trigo, aumentou o rendimento do trigo (efeito residual) em relação aos fertilizantes fosfatados residuais fornecidos através de superfosfato simples **(Rasal *et al.*, 2002).** O fosfato de rocha @ 30 kg ha^{-1} P2O5 foi aplicado à cultura de algodão, que foi igualmente eficaz como superfosfato simples e resultou no maior rendimento de algodão em caroço, *ou seja,* 1222 kg ha^{-1} **(Srinivasan e Venkatesan, 2002).** O fosfato de rocha inoculado com VAM aplicado como 45 kg ha^{-1} aumentou o rendimento da cultura de sésamo em relação a nenhuma inoculação **(Prakash e Tandon, 2002).**

Um relatório da Hungria revelou que a aplicação de fosfato de rocha @ 175 kg ha^{-1} durante cinco anos teve uma diferença significativa entre o sistema de fertilização de fósforo e a absorção de fósforo **(Nemeth *et al.*, 2002).** A variedade de ervilha VL-7 foi testada por **Pandey *et al.* (2003)** com VAM, *Rhizobium* e fontes de fósforo, *ou seja,* superfosfato simples e fosfato de rocha. Os resultados revelaram que a mistura de biofertilizantes com 50 por cento de superfosfato simples e 50 por cento de fosfato de rocha teve nodulação, crescimento e rendimento máximos. A aplicação de fósforo através de superfosfato simples aumentou significativamente o rendimento das sementes e o teor de óleo da soja em relação à mistura de fosfato de rocha de Udaipur e SSP (1:1) **(Tanwar e Shaktawat, 2003).** O fosfato de rocha compactado como fonte de fósforo foi aplicado em solo ácido na sequência de culturas soja-trigo, mostrou resultados semelhantes aos da SSP e deu um rendimento de culturas significativamente mais elevado do que o fosfato de rocha sozinho **(Agrawal *et al.*, 2004).** Da mesma forma, o fosfato de rocha compactado aplicado à cultura do trigo em solos alcalinos no IARI de Nova Deli registou um maior rendimento de grãos e palha em comparação com o fosfato de rocha não compactado **(Begum *et al.*, 2004).** Na mesma estação, foi relatado que a rocha fosfática inoculada com PSB, aplicada no sistema de cultivo arroz-trigo, aumentou o rendimento de grãos de trigo em 0,9-1,8 toneladas ha^{-1} e o rendimento de palha em 0,8-2,1 toneladas ha^{-1} em comparação com a não inoculação **(Sharma, 2003).** O fosfato de rocha aplicado com polifosfato de amónio líquido teve efeitos iguais no aumento do rendimento da cultura do trigo (efeito direto) e do milho (efeito residual) em comparação com SSP e DAP **(Mishra e Singh, 1998).**

A dose recomendada de fertilizantes DAP aplicada como basal produziu plantas significativamente mais altas, mais número de perfilhos efectivos por metro de comprimento de linha e número de grãos por espiga, o que acabou por aumentar o rendimento de grãos e palha em relação ao SSP **(Jamwal e Bhagat, 2004).** O fósforo, quando aplicado como superfosfato simples (50% da dose recomendada de fertilizante) em combinação com bactérias solubilizadoras de fósforo e VAM registou o maior rendimento 4,6 e 2,0 toneladas ha^{-1} no sistema de cultivo de trigo e soja, respetivamente. **(Mahanta e Rai, 2006).** Foi efectuada uma experiência em Nova Deli, num solo franco-arenoso, para avaliar o efeito das fontes e níveis de fósforo no sistema de cultivo de trigo e ervilha-de-angola. Os resultados revelaram que a aplicação de fósforo ao feijão bóer a 34,4 kg ha^{-1} através de superfosfato simples + bactérias solubilizadoras de fósforo (PSB) registou maior rendimento médio e atributos de rendimento do feijão bóer e do trigo do que a ausência de fósforo e 17,2 kg de fósforo ha^{-1} através de superfosfato simples sozinho ou fosfato de rocha + PSB **(Idapuganti e Ahlawat, 2007).**

2.4 Fósforo

2.4.1 Disponibilidade de fósforo

O fosfato de rocha acidulado com HNO3 aumentou a magnitude de todas as formas de fósforo, exceto o fósforo total, e foi mais elevado em quase todos os níveis comparáveis de acidulação. Do mesmo modo, o fosfato de rocha parcialmente acidulado aumentou a disponibilidade de fósforo em Mohanpur, Bengala Ocidental, em comparação com a ausência de acidulação **(De e Basak, 1997)**. A mistura de zeólito e fosfato de rocha tinha a capacidade de fornecer fósforo num padrão de libertação lenta para o crescimento intensivo do trigo **(Allen *et al.*, 1995).** O fosfato de rocha pode ser utilizado como fonte alternativa de fertilizante fosfatado **(Ansumana e Wang, 1998).** O fosfato de rocha e o fosfato de alumínio calcinado foram testados em trigo, paspalum, melaço, milho, soja e trigo mourisco. O trigo mourisco mostrou um comportamento excecional na utilização de fosfato de rocha e outros mostraram boa eficiência com fosfato de alumínio calcinado **(Ray e Diest, 1979).**

As estirpes solubilizadoras de fósforo isoladas da rizosfera do trigo foram estudadas para solubilizar o fosfato tricálcico **(Kumar e Narula, 1999)**. Relataram que as estirpes mutantes têm a capacidade de solubilizar mais fósforo do que as estirpes parentais. Os microrganismos solubilizaram o fósforo devido à alteração do pH no solo rizosférico e produziram um agente quelante que leva à solubilização do fosfato **(Halder *et al.*, 1991)**. Um relatório dado por **Costa *et al.* (1992)** A inoculação de VAM com fosfato de rocha teve um efeito sinergético na disponibilidade de fósforo. O fosfato de rocha enriquecido com composto preparado a partir de palha de arroz e ureia, contendo cerca de 1,6% de azoto total e 3,3% de fósforo total, foi considerado uma boa fonte de fósforo para a cultura do trigo **(Banger *et al.*, 1989)**. A partir de uma experiência de campo e de vaso numa cultura de trigo, **Omar (1998)** referiu que o fosfato de rocha tinha um efeito não significativo em condições de vaso, enquanto aumentava significativamente o teor de fósforo na cultura de trigo em condições de campo. Num solo alcalino, o fosfato de rocha misturado com enxofre nos 10 cm superiores aumentou significativamente o fósforo disponível **(Evans e Price, 2009)**. A aplicação de fosfato de rocha alguns dias antes da sementeira mostrou uma concentração de fósforo mais elevada do que a aplicada na altura da sementeira **(Purnomo e Black, 1994)**.

Foi testada a viabilidade da utilização direta de fosfato de rocha juntamente com FYM como fonte de fertilizantes fosfatados no trigo e na grama. Os resultados indicaram que o fosfato de rocha com 4 toneladas ha^{-1} FYM provou ser superior ou equivalente ao tratamento DAP. Isto pode dever-se à acidez gerada pela FYM, que libertou CO_2 e ácidos orgânicos como o ácido fúlvico, o ácido malónico e o ácido húmico após a sua decomposição, o que ajuda a disponibilizar o fósforo **(Sekhar e Aery, 2001)**. O solo emendado com lama na sequência arroz-trigo aumentou o teor de fósforo disponível em cerca de 60% em relação ao controlo não emendado no prazo de 10 dias após a sua aplicação **(Singh *et al.*, 2008)**. Os ácidos orgânicos suplementados com fosfato de rocha libertaram fósforo em grande medida, tendo o ácido oxálico sido considerado o mais eficaz **(Shrivastwa *et al.*, 2002)**. Uma experiência levada a cabo por **Kpomblekou *et al.* (2003)** revelou que o fosfato de rocha aplicado com ácidos orgânicos aumentou o fósforo disponível. O fosfato de rocha + FYM também deu resultados semelhantes **(Waigwa *et al.*, 2003)**. Da mesma forma, a mistura de polifosfato de amónio líquido com fosfato de rocha foi igualmente eficaz para aumentar o teor de fósforo disponível no solo em comparação com SSP e DAP **(Mishra e Singh, 1998)**. O fosfato de rocha compactado foi aplicado em solo ácido na sequência de culturas soja-trigo, aumentando a disponibilidade de fósforo, cálcio e enxofre em comparação com o fosfato de rocha isolado **(Agrawal *et al.*, 2004)**.

2.4.2 Absorção de fósforo

O fosfato de rocha foi aplicado como fonte de fósforo em solos de colinas ácidas na cultura do milho, teve um efeito significativo no rendimento mas uma menor absorção de fósforo em comparação com o superfosfato simples **(Mishra e Gupta, 1978).** A eficácia do fosfato de rocha aumentou quando foi utilizado em conjunto com FYM ou parcialmente acidulado com H3PO4, o que aumentou ainda mais a absorção de fósforo significativamente em relação à ausência de acidulação **(Marwaha *et al.*, 1981).**

Uma experiência de cultura em vaso, conduzida por **Pathak *et al.* (1992)**, em que se utilizou fosfato de rocha enriquecido em chorume de folhas de manga num solo franco-arenoso com baixo teor de carbono orgânico, baixo teor de azoto disponível e teor médio de fósforo e potássio disponíveis, registou uma absorção significativamente mais elevada de azoto e fósforo pela cultura do trigo do que outros tratamentos.

O fosfato de rocha acidulado com (HNO3, HCl, H2SO4 e H3PO4) foi testado em diferentes graus, *ou seja,* 25, 50, 75 e 100% em Inceptisols sob a sequência feijão-trigo. Os resultados revelaram que o efeito direto do fosfato de rocha foi melhor com 25% de fosfato de rocha parcialmente acidulado e o efeito residual foi melhor com 25% e 50% de fosfato de rocha parcialmente acidulado de Mussoorie. Também foi referido que o fosfato de rocha tratado com H2SO4 teve maior absorção de fósforo pela cultura do trigo e manteve um estado de fósforo mais elevado durante todo o período de crescimento da cultura **(Dwivedi, 1995)**. Os resultados mostraram que o SSP + composto registou a maior absorção de fósforo pela cultura do trigo do que o fosfato de rocha misturado com composto **(Verma e Rawat, 1999).**

A cultura do trigo recebeu 50 mg de fósforo por kg de solo através de superfosfato triplo, fosfato de rocha e lamas de depuração. Os resultados mostraram que o superfosfato triplo aumentou a absorção de fósforo em comparação com o fosfato de rocha e as lamas de depuração **(Zapata e Zaharah, 2002)**. Foi registada uma maior absorção de fósforo pela cultura de sésamo devido à inoculação micorrízica em fosfato de rocha e superfosfato simples **(Prakash e Tandon, 2002).** O desempenho da cultura da soja foi testado sob diferentes fontes de fósforo, a cultura mostrou maior absorção de azoto e fósforo sob superfosfato simples em comparação com fosfato de rocha e fosfato de rocha + superfosfato simples (1:1) **(Tanwar e Shaktawat, 2003)**. Do mesmo modo, **Ghosal *et al.* (2003)** efectuaram uma experiência com a cultura do arroz. A eficácia relativa mais baixa do fosfato de rocha foi encontrada em aplicação direta

(54-80%) e em aplicação cumulativa (70- 93%) e igual ou maior no efeito residual em comparação com o superfosfato triplo. Diferentes combinações de material orgânico na exploração agrícola com fosfato de rocha tiveram uma relação positiva entre a sua taxa de aplicação e a absorção de fósforo **(Waigwa *et al.*, 2003).**

No sistema de cultivo arroz-trigo, o fosfato de rocha de Mussoorie inoculado com PSB aumentou a absorção de azoto de 18 a 38 kg ha^{-1}, a absorção de fósforo de 2,7 a 6,6 kg ha^{-1} e a absorção de potássio de 16 a 41 kg ha^{-1} **(Sharma, 2003).** O efeito combinado de *Pseudomonas striata* + *Aspergillus awamori* aumentou significativamente a absorção de fósforo em comparação com a sua inoculação única ou sem inoculação **(Singh e Rai, 2003).**

A aplicação de 34,4 kg de fósforo ha^{-1} através de superfosfato simples com ou sem PSB ou pressmud + PSB a ervilha-de-angola na sequência de culturas de ervilha-de-angola-trigo registou uma absorção de fósforo significativamente mais elevada pelo sistema do que o fosfato de rocha + PSB **(Idapuganti e Ahlawat, 2007).** Sete cultivares de trigo foram cultivadas em hidroponia utilizando fosfato de rocha como fontes de fósforo, Zamindar-80 registou a maior absorção de fósforo em relação a outras cultivares e pareceu possuir o melhor potencial de crescimento em solo deficiente em fósforo **(Ashraf *et al.*, 2009).**

2.4.3 Saúde do solo

O fosfato de rocha acidulado com pirite foi aplicado num solo franco-arenoso e melhorou as propriedades físicas do solo e a capacidade de troca catiónica em Jobner, Rajasthan **(Ram *et al.*, 1997).** O efeito residual de diferentes fontes de fosfato foi avaliado por **(Motsara e Datta, 1971)** em Palampur. Verificaram que o fosfato de rocha era significativamente melhor do que o superfosfato em termos do estado do fósforo no solo. O fosfocomposto preparado a partir de fosfato de rocha com estrume fresco de vaca foi aplicado na sequência de culturas de arroz-trigo, aumentou o fósforo solubilizado, o fósforo total, o teor de azoto e baixou a relação C: N **(Sharma *et al.*, 1997).** Da mesma forma, **Rasal *et al.* (2002)** testaram o fosfocomposto preparado a partir de fosfato de rocha com e sem pirites na cultura de amendoim na sequência amendoim-trigo. Verificaram que este fosfocomposto misturado com pirites substituiu as necessidades de fertilizantes fosfatados e aumentou as propriedades biológicas do solo. O carbono orgânico e o fósforo disponível aumentaram significativamente com a utilização de fosfato de rocha de

Mussoorie com bactérias solubilizadoras de fósforo em comparação com o seu controlo **(Sharma, 2003)**.

Da mesma forma, **Sunita *et al.* (2006) prepararam** um fosfocomposto a partir de palha de trigo, FYM e fertilizantes minerais e testaram-no numa cultura de trigo. Verificaram que o carbono orgânico total, o azoto, a biomassa microbiana e o teor de húmus eram mais elevados com o enriquecimento com FYM, o que também ajuda a reduzir a densidade aparente e aumenta a retenção de água no solo até 15 cm de profundidade. O pressmud, quando aplicado na sequência arroz-trigo, aumentou o azoto total, o carbono orgânico e o teor de fósforo disponível no solo **(Singh *et al.*, 2008)**.

Capítulo 3

Materiais e métodos

Os pormenores do local da experiência, as condições climáticas prevalecentes na localidade durante o período de experimentação, a conceção da experiência adoptada, os materiais utilizados, o procedimento e as técnicas seguidas durante todo o curso da investigação são descritos neste capítulo.

3.1 Sítio experimental

A experiência de campo foi realizada no bloco D3 do Centro de Investigação de Culturas Norman E. Borloug (CRC) da Universidade de Agricultura e Tecnologia G. B. Pant, Pantnagar, U. S. Nagar, Uttarakhand, durante a estação *rabi* de 2009-2010. O Centro de Investigação Agrícola está situado a 29^0 N de latitude, $79{,}3^0$ E de longitude e a uma altitude de 243,84 m acima do nível médio das águas do mar. O local experimental situa-se na faixa *de tarai* da cadeia Shivalik das colinas dos Himalaias.

3.2 Tempo e clima

O centro de investigação agrícola situa-se na zona húmida e subtropical. Os Verões são muito quentes e secos e os Invernos são muito frios. A estação das monções começa normalmente na terceira ou quarta semana de junho e prolonga-se até à última semana de setembro. Durante o inverno (de novembro a março), são frequentes alguns aguaceiros.

A precipitação média anual desta zona é de 143,3 cm, sendo 80 a 90 por cento da mesma registada durante a estação das chuvas. As geadas ocorrem geralmente no final de dezembro e, por vezes, em janeiro. A temperatura máxima é registada durante maio-junho e a temperatura mínima em dezembro-janeiro. Os parâmetros meteorológicos médios semanais, *nomeadamente* a temperatura mínima e máxima, a humidade relativa, a precipitação e as horas de sol registadas durante o período de experimentação (dezembro de 2009 a abril de 2010) no observatório meteorológico localizado no Centro de Investigação de Culturas são apresentados na Fig. 1 e no Anexo I.

Registou-se um total de 3,6 cm de precipitação durante o período de cultivo. A temperatura média semanal mínima e máxima do ar variou de 4^0 C a $23{,}7^0$ C e de $13{,}5^0$ C a $40{,}6^0$ C, respetivamente. A humidade relativa mínima semanal variou entre 57-94 por cento e 13-87 por cento às 7.00 AM e às 2.00 PM, respetivamente. Às 7:00 AM, a humidade relativa média máxima (94 por cento) foi registada no mês de janeiro (3rd semana padrão) e a mínima (57 por cento) no mês de abril (16th semana padrão). Às 14h00, a humidade relativa média máxima (87%) e mínima (13%) foi registada no mês de janeiro (3rd semana padrão) e abril (15th semana padrão), respetivamente. As horas semanais de sol brilhante variaram de 1,1 a 10,0 horas. O máximo de horas de sol brilhante registou-se em abril (4th semana normal) e o mínimo em janeiro (1st semana normal).

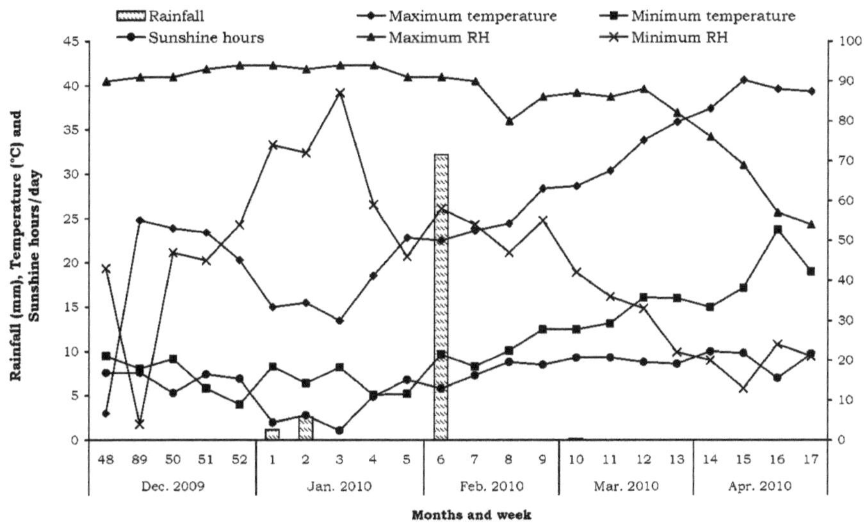

Fig. 1: Dados meteorológicos fracos durante a época de colheita *(Rabi* 2009-2010)

3.3 Caraterísticas do solo

Os solos desta região são desenvolvidos a partir de aluviões calcários de textura média a moderadamente grosseira, trazidos das montanhas por numerosos cursos de água que atravessam *o Bhabar* e *o Tarai.* São principalmente de textura siltosa e argilosa, com uma estrutura granular fina a média fina fraca, com boa capacidade de retenção de humidade e altamente produtivos. O solo do sítio experimental foi classificado da seguinte forma **(Deshpande *et al.,* 1971).**

Order - Mollisols

Sub-order - Udolls

Great group - Hopludols

Subgroup - Aquic hapludols

Family - Fine, mixed loamy hyperthermic

Series - Khamia silty loam

Quadro 1: Propriedades químicas do solo experimental (0-15 cm de profundidade)

S. No.	Properties	Value obtained	Method employed
1	pH	7.9	Glass electrode pH meter (Jackson, 1973)
2	Organic carbon (%)	0.61	Modified Walkley and Black method (Jackson, 1973)
3	Available N kg ha^{-1}	251.0	Alkaline $KMnO_4$ method (Subbaiah and Asija, 1956)
4	Available P kg ha^{-1}	22.5	Olsen's extractant method (Olsen *et al.* 1954)
5	Available K kg ha^{-1}	107.0	Neutral 1N NH_4OAC extraction method (Jackson, 1973)

Antes da sementeira, foram colhidas no campo experimental amostras de solo de vários locais através do método zig-zag (0-15 cm de profundidade do solo). As amostras compostas de solo foram processadas e analisadas relativamente a várias propriedades químicas (Quadro 1). O solo experimental era de textura franco-siltosa, com carbono orgânico médio e baixo teor de azoto disponível, médio teor de fósforo disponível e baixo teor de potássio disponível e reação neutra.

3.4 Historial das culturas da parcela

As diferentes culturas efectuadas durante os quatro anos anteriores na parcela experimental são apresentadas a seguir (Quadro 2).

Quadro 2: Sistema de cultivo

Year	*Kharif*	*Rabi*
2006-2007	Maize	Wheat
2007-2008	Maize	Wheat
2008-2009	Maize	Wheat
2009-2010	Maize	Reported Experiment

3.5 Materiais utilizados

Fosfato de rocha, Gesso, Pirite, Estrume de quinta, Lama de prensa, Microrganismo solubilizador de fósforo, Irrigação, Cultura de ensaio - Trigo, Variedade - PBW-550

A PBW-550 é uma variedade anã de geen duplo (parantages WH-594/Raj-3856//W-485) desenvolvida pela Universidade Agrícola do Punjab em 2007. É semeada atempadamente e adequada para condições de regadio. A altura média das plantas é de 87 cm e o período de maturação varia entre 130 e 135 dias. Os grãos são de cor âmbar, com cerca de (12%) de proteína e 80,3 kg ha^{-1} litro de peso hecto-litro. É resistente às três ferrugens e tem um potencial de rendimento de cerca de 55 kg ha^{-1} , com uma média de 45 kg ha .$^{-1}$

3.6 Detalhes experimentais

3.6.1 Detalhes dos tratamentos

Treatments	Symbols
1. SSP alone	T_1
2. Rock phosphate alone	T_2
3. Rock phosphate + Gypsum (1:1)	T_3
4. Rock phosphate + SSP (50:50)	T_4
5. Rock phosphate +PSB	T_5
6. Rock phosphate + FYM (1:1)	T_6
7. Rock phosphate + FYM (1:1) + PSB	T_7
8. Rock phosphate + Pressmud (1:1)	T_8
9. Rock phosphate + Pressmud (1:1) +PSB	T_9
10. Rock phosphate + Pyrites (1:1)	T_{10}

Nota - O fosfato de rocha foi acidulado manualmente imediatamente antes da sementeira, com os materiais acidulantes acima mencionados, e foi aplicado à taxa de 60 kg de P2O5 ha^{-1} , de acordo com o tratamento. O fosfato de rocha e os materiais acidulantes foram inoculados com PSB de acordo com o tratamento no momento da aplicação.

3.6.2 Conceção experimental e disposição do plano

A experiência foi organizada num esquema de blocos aleatórios com 10 tratamentos e três repetições. Alguns pormenores importantes do esquema são apresentados a seguir

Dimensão bruta da parcela: 8,0 m x 2,07 m

Dimensão líquida da parcela: 7,0 m x 1,61 m

Espaçamento entre fileiras : 23 cm

Fertilizante: 150 e 40 kg ha^{-1} N e K O_2

Taxa de sementeira: 100 kg ha^{-1}

3.3 Acções culturais

O calendário das operações culturais efectuadas desde a preparação do terreno até à debulha da colheita é apresentado no Apêndice II.

3.3.1 Preparação da cama de sementes e sementeira

O campo foi preparado com uma lavoura profunda seguida de duas gradagens cruzadas e nivelamento. Para a sementeira, foram abertos sulcos de cerca de 5 cm de profundidade com a ajuda de um trator, com um espaçamento de 23 cm entre si, e cada sulco foi semeado uniformemente. A taxa de sementes foi de 100 kg ha^{-1} . As sementes foram cobertas pelo solo imediatamente e de forma adequada.

3.3.2 Aplicação de fertilizantes

A cultura foi uniformemente fertilizada com 150 kg de N, 40 kg de K2O por hectare na forma de ureia e MOP (muriato de potássio), respetivamente. O fósforo foi aplicado de acordo com o tratamento. Um terço da dose de azoto foi aplicado no momento da sementeira e os restantes dois terços de azoto foram aplicados em cobertura após a primeira irrigação e na fase de formação do primeiro nó. O fósforo também foi aplicado em duas doses divididas. Metade do fósforo, de acordo com a dose do tratamento, foi aplicado no momento da sementeira e a outra metade foi aplicada logo após a primeira irrigação com materiais acidulantes.

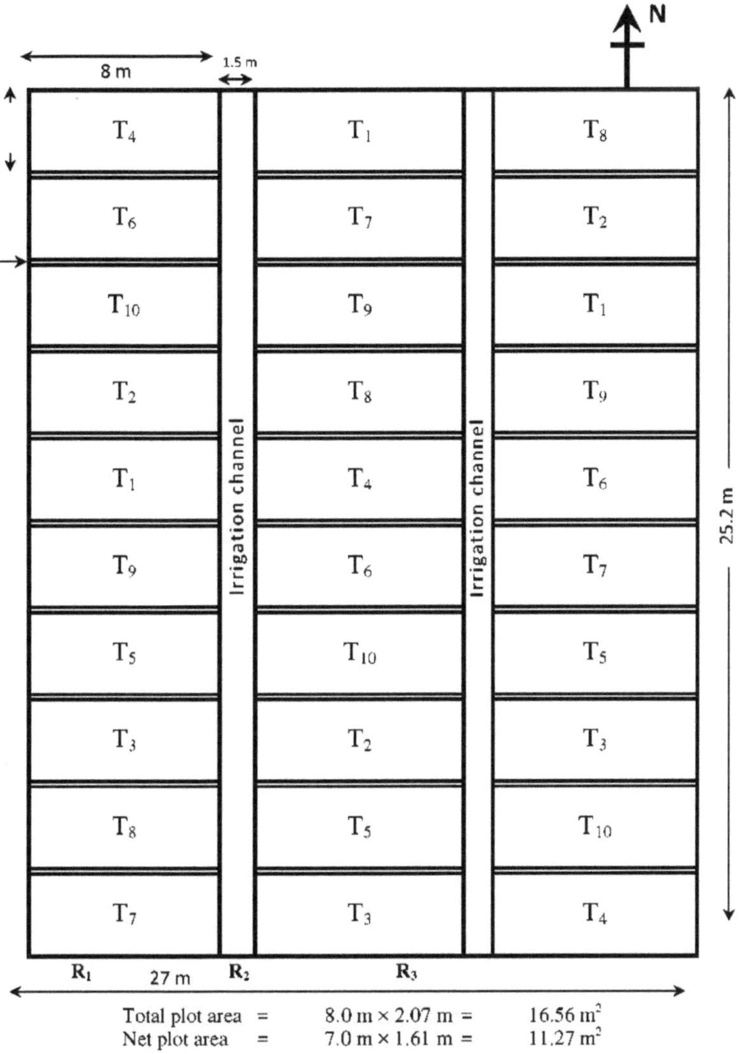

Fig. 2: Plano de implantação da experiência

3.7.3 Irrigação

A primeira irrigação foi dada no estágio CRI, *ou seja,* 21 dias após a semeadura. As regas seguintes foram efectuadas de acordo com as fases de crescimento fisiológico, tendo em consideração a precipitação.

3.7.4 Controlo de ervas daninhas

Para controlar as ervas daninhas, foram efectuadas duas mondas manuais aos 45 e 65 dias após a sementeira, com a ajuda de uma enxada manual e de *um khurpi.*

3.7.5 Colheita e debulha

A colheita foi efectuada manualmente quando mais de 90 por cento dos grãos das espigas estavam completamente maduros e as folhas e caules estavam amarelos e bastante secos. As linhas fronteiriças foram colhidas primeiro e removidas do campo experimental. As parcelas em rede foram depois colhidas. Os feixes foram pesados e secos e depois levados para a eira. O produto de cada parcela foi debulhado com uma debulhadora. O grão foi recolhido separadamente num saco de pano durante a debulha e pesado. O rendimento em palha foi calculado subtraindo o rendimento em grão do rendimento biológico.

3.8 Observações registadas

As observações foram registadas em relação ao crescimento, desenvolvimento, rendimento e caracteres que atribuem rendimento da área marcada com um metro de comprimento de linha de ambos os lados de cada parcela.

3.8.1 Contagem de emergência

A contagem de emergência foi tomada como o número total de plântulas germinadas da área marcada de um metro de comprimento de linha em ambos os lados de cada parcela aos 15 dias após a semeadura e relatada como contagem de emergência por metro quadrado.

3.8.2 Estudos de crescimento

As seguintes observações (altura da planta, número de rebentos, produção de matéria seca e atributos de rendimento) foram efectuadas (a partir da área marcada em ambos os lados de cada parcela) aos 30, 60, 90 dias após a sementeira e na colheita.

3.8.2.1 Altura da planta

Foram selecionadas 10 plantas marcadas e a altura foi medida individualmente desde a base do caule até à ponta da folha mais longa na fase inicial de crescimento da cultura e após a floração até à ponta da espiga. A média das 10 plantas foi registada como altura da cultura.

3.8.2.2 Contagem de disparos

O número total de rebentos foi contado a partir da área marcada de ambos os lados do comprimento de uma linha de um metro aos 30, 45, 60, 90 dias após a sementeira e aquando da colheita de cada parcela e registado como número de rebentos por metro quadrado.

3.8.2.3 Acumulação de matéria seca

As plantas ocorridas a partir de uma linha de 25 cm na área marcada de cada parcela foram cortadas perto do nível do solo aos 30, 60 e 90 dias após a sementeira e na maturidade. As amostras foram secas a 700C durante 45 horas e pesadas. A acumulação de matéria seca foi expressa em gramas por metro quadrado.

3.8.3 Estudos pós-colheita

3.8.3.1 Rendimento biológico

A cultura foi colhida numa área marcada com um metro de comprimento de linha, etiquetada e seca no campo durante 4-5 dias. Estas plantas foram pesadas para registar o rendimento biológico por parcela e expresso em quintal por hectare. As mesmas amostras foram utilizadas para estudos de carácter de espiga.

3.8.3.2 Rendimento de grãos

Os produtos colhidos em cada parcela de rede foram debulhados. Após a peneiração e a limpeza, os grãos foram pesados. O rendimento dos grãos (kg/parcela) foi finalmente registado em quintais por hectare.

3.8.3.3 Rendimento em palha

O rendimento de palha por parcela foi obtido subtraindo o rendimento de grãos do produto total por parcela. Finalmente, foi expresso em quintais por hectare.

3.8.3.4 Atributos de rendimento

Espigas de 1,0 metro de comprimento de fileira da segunda fileira deixando a área de borda de cada parcela foram removidas antes da colheita para estudos de caráter de espigas.

3.8.3.5 Número de picos

O número de espigas na maturidade foi registado na unidade de amostragem e os dados foram apresentados como número de espigas por metro quadrado.

3.8.3.6 Comprimento da espiga

Foram selecionados aleatoriamente 10 espigões de cada área de amostragem, como mencionado acima, e o seu comprimento foi medido da base do espigão até à ponta, excluindo os toldos. A média foi registada como comprimento da espiga (cm).

3.8.3.8 Número de espiguetas férteis por espiga

O número de grãos com espiguetas foi contado a partir de 10 espiguetas da amostra e a sua média foi calculada e finalmente registada como número de espiguetas férteis por espigueta.

3.8.3.9 Número de espiguetas estéreis por espiga

As espiguetas da base e da ponta das dez espigas que não produziram grãos foram contadas e a sua média foi considerada como o número de espiguetas estéreis por espiga.

3.8.3.10 Número de grãos por espiga

As mesmas dez espigas foram debulhadas manualmente e o seu número total de grãos foi contado. A sua média foi registada como número de grãos por espiga.

3.8.3.11 Peso de 1000 grãos

Após a debulha e a pesagem do rendimento líquido da parcela, foi retirada uma amostra aleatória de grãos do produto e 1000 grãos foram contados e pesados, sendo finalmente expressos em gramas.

3.8.3.12 Índice de colheita

O índice de colheita foi obtido dividindo o rendimento económico (rendimento de grãos) pelo rendimento biológico (grãos + palha) e expresso como valor do índice.

$$\text{Harvest index (per cent)} = \frac{\text{Grain yield (q ha}^{-1})}{\text{Biological yield (q ha}^{-1})} \times 100$$

3.8.3.13 Rácio de palha de cereais

O rácio grão-palha foi registado de acordo com a seguinte fórmula

$$\text{Grain to straw ratio} = \frac{\text{Grain yield (q ha}^{-1})}{\text{Straw yield (q ha}^{-1})}$$

3.9 Análise económica

3.9.1 Custo de cultivo

O custo do cultivo utilizando várias combinações de tratamento foi calculado separadamente. As necessidades de mão de obra e de energia mecânica para as diferentes operações, tais como a preparação do terreno, a sementeira, a monda, a aplicação de fertilizantes, a colheita e a debulha, etc., foram calculadas de acordo com os salários do governo.

3.9.2 Rendimento bruto

Rendimento bruto calculado com base no atual preço de apoio do mercado em vigor durante o exercício financeiro de 2009-10.

3.9.3 Rendimento líquido

O rendimento líquido foi calculado deduzindo o custo de cultivo do rendimento bruto.

3.9.4 Rácio benefício/custo

O rácio benefício/custo foi calculado dividindo o rendimento líquido pelo custo do cultivo num determinado tratamento.

3.10 Análises químicas do solo após a colheita

Para determinar o pH do solo, o teor de carbono orgânico, o azoto disponível, o fósforo disponível e o potássio disponível, as amostras de solo foram colhidas aleatoriamente até 20 cm de profundidade em três locais de cada parcela, seguindo os procedimentos habituais **(Jackson, 1973).** Estas amostras foram colhidas após a colheita da cultura do trigo. As amostras de solo foram analisadas de acordo com os procedimentos mencionados para a análise do solo antes da sementeira do trigo (quadro 1).

3.11 Análises químicas de plantas

Foram recolhidas amostras compostas de grãos e palha de cada tratamento na colheita para analisar a concentração de azoto, fósforo e potássio (%) e a sua absorção (kg ha^{-1}). O material vegetal foi seco em estufa (70 ± 1^0 C durante 72 horas) e moído separadamente, sendo depois submetido a análise.

3.11.1 Concentração de azoto (por cento) e absorção (kg ha $)^{-1}$

A concentração de azoto na planta (tanto no grão como na palha) foi determinada pelo método de micro-Kjeldahl **(Jackson, 1973).** A absorção total de azoto foi calculada multiplicando o teor de azoto pelo rendimento total de grãos e palha.

$$\text{N-uptake by grain (kg ha}^{-1}\text{)} = \frac{\text{N concentration in grain (\%)} \times \text{grain yield (kg ha}^{-1}\text{)}}{100}$$

$$\text{N-uptake by straw (kg ha}^{-1}) = \frac{\text{N concentration in straw (\%)} \times \text{straw yield (kg ha}^{-1})}{100}$$

Total N uptake (kg/ha^{-1}) = N uptake by straw + N uptake by grain.

3.11.2 Concentração de fósforo (por cento) e absorção (kg ha'1)

A concentração de fósforo foi analisada no grão e na palha separadamente para determinar a sua absorção. As amostras de plantas foram secas num secador a 70 ± 1^0 C durante 72 horas e seguiu-se o método de digestão húmida do ácido fosfórico vonado-molibdénio de cor amarela **(Jackson, 1973).** A absorção total de fósforo foi calculada da seguinte forma.

$$\text{P-uptake by grain (kg ha}^{-1}) = \frac{\text{P concentration in grain (\%)} \times \text{grain yield (kg ha}^{-1})}{100}$$

$$\text{P-uptake by straw (kg ha}^{-1}) = \frac{\text{P concentration in straw (\%)} \times \text{straw yield (kg ha}^{-1})}{100}$$

Total P uptake (kg ha^{-1}) = P uptake by straw + P uptake by grain

3.11.3 Concentração de potássio (por cento) e absorção (kg ha'1)

A absorção de potássio kg/ha foi analisada por fotómetro de chama e a absorção total de potássio pelo grão e pela palha foi calculada separadamente. A absorção total de potássio foi obtida através da seguinte fórmula:

$$\text{K-uptake by grain (kg ha}^{-1}) = \frac{\text{K concentration in grain (\%)} \times \text{grain yield (kg ha}^{-1})}{100}$$

$$\text{K-uptake by straw (kg ha}^{-1}) = \frac{\text{K concentration in straw (\%)} \times \text{straw yield (kg ha}^{-1})}{100}$$

Total K uptake (kg ha^{-1}) = K uptake by grain + K uptake by straw

3.11.4 Análise estatística

Os dados recolhidos sobre os diferentes aspectos da experimentação foram analisados com a ajuda de um computador, aplicando a técnica de análise de variância apresentada por Gomez e Gomez (1984). A diferença crítica a um nível de probabilidade de 5 por cento foi calculada para testar a importância da diferença entre quaisquer duas médias sempre que o teste "F" fosse significativo **(Snedecor e Cochran, 1967).**

Capítulo 4

Resultados experimentais

4.1 Estudos de crescimento

4.1.1 Contagem de emergência

A contagem de emergência foi registada aos 15 dias após a sementeira, influenciada significativamente pela aplicação de fosfato de rocha com diferentes materiais acidulantes (Quadro 3 e Apêndice III). A RP com PM registou a contagem máxima de emergência e foi estatisticamente igual à RP inoculada com PSB, RP com gesso e RP isolada. No entanto, a contagem de emergência mais baixa foi registada na RP acidulada com FYM e PSB.

4.1.2 Número de rebentos

Os rebentos por metro quadrado aumentaram até aos 60 dias após a sementeira e depois começaram a diminuir com o avanço da idade da cultura (Quadro 4, Fig. 3 e Anexo-III). O número de rebentos por metro quadrado foi significativamente influenciado pelos diferentes tratamentos em várias fases de crescimento da cultura. A RP acidulada com gesso apresentou o número máximo de rebentos em todas as fases de crescimento da cultura. A população de rebentos aos 30 dias após a sementeira registou o máximo no fosfato de rocha acidulado com gesso, que foi igual a todos os tratamentos, exceto RP isolado e fosfato de rocha inoculado com PSB. No entanto, a população de rebentos mais baixa foi registada apenas com o fosfato de rocha. Do mesmo modo, a RP com gesso registou o máximo de rebentos aos 45 dias, o que foi igual a todos os tratamentos, exceto a RP isolada e a mistura de pirites da RP.

Quadro 3: Contagem de emergência m^{-2} do trigo influenciada pela aplicação de fosfato de rocha

Treatment	Emergence count m^{-2} at 15 days after sowing
SSP alone	218
RP alone	248
RP + gypsum(1:1)	252
RP + SSP (50:50)*	215
RP + PSB	277
RP + FYM (1:1)	227
RP + FYM + PSB	203
RP + Press mud (1:1)	282
RP + Press mud + PSB	237
RP + pyrites (1:1)	260
SEm±	13
CD at 5%	40
CV (%)	9

*50 % P_2O_5 supplied through Rock phosphate and 50 % through SSP

Quadro 4: Número de rebentos m'² da cultura do trigo influenciado pela aplicação de fosfato de rocha

Treatment	Number of shoots m⁻²				
	Days after sowing				At harvest
	30	45	60	90	
SSP alone	572	789	773	490	441
RP alone	441	591	638	374	347
RP + gypsum(1:1)	610	791	786	508	441
RP + SSP (50:50)*	534	586	668	448	403
RP + PSB	481	707	665	411	398
RP + FYM (1:1)	551	743	748	473	431
RP + FYM + PSB	533	710	750	468	432
RP + Press mud (1:1)	552	766	757	471	438
RP + Press mud + PSB	541	707	735	467	423
RP + pyrites (1:1)	496	638	713	416	412
SEm±	26	29	29	21	14
CD at 5%	78	86	88	63	43
CV (%)	8	7	7	8	6

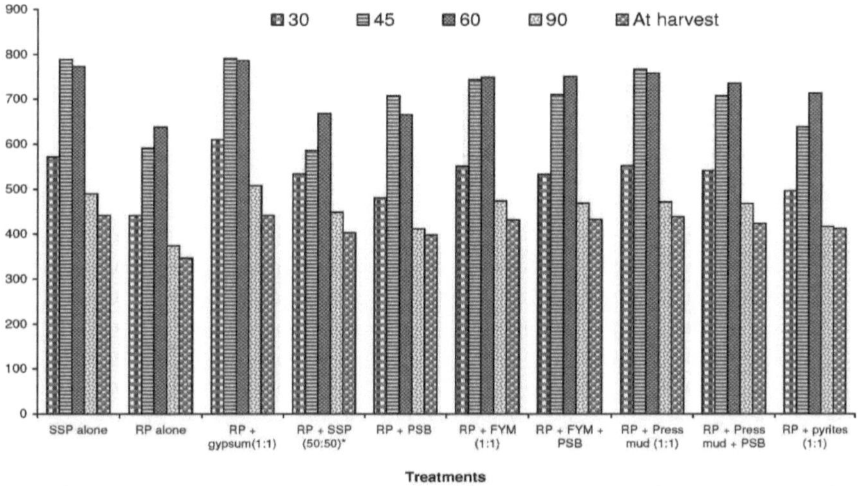

Fig. 3: Número de rebentos m'² da cultura do trigo influenciado pela aplicação de fosfato de rocha

RP com SSP teve o menor número de rebentos por metro quadrado e foi igual a RP sozinho. Aos 60 dias, a RP acidulada com gesso apresentou o número máximo de rebentos. Este número foi significativamente mais elevado do que a RP isolada e a mistura RP mais SSP, RP mais PSB e RP mais mistura de pirites foram iguais à SSP isolada, RP acidulada com FYM, FYM e PSB, PM, e PM com PSB. O número mais baixo de rebentos foi registado na RP isolada. A RP acidulada com gesso teve um número significativamente maior de rebentos aos 90 dias do que a RP isolada, a RP acidulada com PSB e a RP com pirites, e foi estatisticamente igual aos outros tratamentos. O número mais baixo de rebentos foi registado apenas com RP. A população de rebentos na maturidade foi mais elevada na RP acidulada com gesso, que foi significativamente mais elevada do que a RP isolada e foi estatisticamente igual ao resto de todos os tratamentos.

4.1.3 Altura da planta

A altura da planta geralmente aumentou com o avanço dos estágios de crescimento da cultura e registrou o máximo na colheita, mas não diferiu significativamente sob diferentes combinações de tratamento em qualquer estágio (Tabela 5 e Apêndice-IV). A planta mais alta foi observada na RP acidulada com gesso em todas as fases de crescimento da cultura. A menor altura de planta foi registada em RP acidulado com FYM aos 30 dias após a sementeira e em RP sozinho aos 60, 90 dias após a sementeira e na colheita.

Quadro 5: Altura da planta (cm) da cultura do trigo influenciada pela aplicação de fosfato de rocha

Treatment	Days after sowing			At harvest
	30	60	90	
SSP alone	21.1	52.1	87.3	89.2
RP alone	20.7	48.3	82.7	86.7
RP + gypsum(1:1)	21.3	52.8	87.8	90.4
RP + SSP (50:50)*	20.1	50.9	84.8	88.7
RP + PSB	20.9	50.1	84.7	87.1
RP + FYM (1:1)	19.2	50.5	86.2	88.9
RP + FYM + PSB	19.9	50.4	85.1	88.5
RP + Press mud (1:1)	20.7	52.8	86.3	89.0
RP + Press mud + PSB	20.3	52.7	84.5	87.9
RP + pyrites (1:1)	20.6	49.7	86.3	88.9
SEm±	1.0	2.3	2.1	1.4
CD at 5%	NS	NS	NS	NS
CV (%)	8	7.9	4.2	2.7

*50 % P_2O_5 supplied through Rock phosphate and 50 % through SSP

4.1.4 Acumulação de matéria seca

O acúmulo de matéria seca em diferentes estágios de crescimento da cultura diferiu significativamente devido às diferentes combinações de tratamento (Tabela 6 e Apêndice-V). Aos 30 dias após a semeadura, o máximo de matéria seca foi observado em RP acidulado com gesso e o mínimo em RP sozinho. Todos os tratamentos tiveram uma diferença significativa em relação ao RP isolado, mas a maior parte deles estava a par entre si. Também se observou uma diferença significativa na matéria seca devido ao tratamento aos 60 dias após a sementeira. A RP acidulada com gesso deu uma matéria seca significativamente mais elevada do que todos os outros tratamentos. O SSP sozinho também teve uma diferença significativa em relação aos outros tratamentos, exceto RP misturado com PM, FYM mais PSB e PM mais PSB. Aos 90 dias, a matéria seca máxima e mínima foi encontrada em RP com gesso e RP sozinho, respetivamente. RP com gesso deu significativamente mais matéria seca do que outros tratamentos, exceto SSP sozinho e RP com PM. No entanto, na maturidade, RP misturado com gesso deu significativamente mais matéria seca do que todos os outros tratamentos, exceto SSP sozinho e RP misturado com PM.

4.2 Atributos de rendimento

Os dados relativos aos atributos de rendimento, espigas por metro quadrado, comprimento da espiga, espiguetas férteis por espiga, espiguetas estéreis por espiga, grãos por espiga e peso de mil grãos registados na colheita da cultura do trigo são apresentados no Quadro 7 e as respectivas análises de variância são apresentadas no Apêndice-VI.

Quadro 6: Rendimento de matéria seca (g m^{-2}) da cultura do trigo influenciado pela aplicação de hosfato de rocha

Treatment	Days after sowing			At harvest
	30	60	90	
SSP alone	36	294	1049	1602
RP alone	20	214	727	1102
RP + gypsum(1:1)	42	334	1128	1642
RP + SSP (50:50)*	26	230	867	1202
RP + PSB	24	225	842	1153
RP + FYM (1:1)	28	276	934	1387
RP + FYM + PSB	26	269	883	1261
RP + Press mud (1:1)	30	280	1026	1519
RP + Press mud + PSB	27	257	875	1247
RP + pyrites (1:1)	27	249	867	1213
SEm±	0.78	12	52	42
CD at 5%	2.33	37	155	126
CV (%)	4.8	8	9	5

*50 % P_2O_5 supplied through Rock phosphate and 50 % through SSP

Quadro 7: Caracteres de rendimento da cultura do trigo influenciados pela aplicação de fosfato de rocha

Treatment	No. of spike m^{-2}	Spike length (cm)	No. of fertile spikelets per spike	No. of sterile spikelets per spike	No. of grains per spike	1000 grain weight (g)
SSP alone	441	9.3	16	2	37	41.3
RP alone	347	8.3	13	2	33	37.3
RP + gypsum(1:1)	441	9.4	16	2	38	42.0
RP + SSP (50:50)*	403	8.5	14	2	34	38.4
RP + PSB	398	8.5	14	3	34	38.4
RP + FYM (1:1)	431	9.0	15	2	37	40.0
RP + FYM + PSB	432	8.9	15	3	36	39.2
RP + Press mud (1:1)	438	9.1	15	2	37	40.1
RP + Press mud + PSB	423	8.8	15	2	35	39.1
RP + pyrites (1:1)	412	8.7	15	2	35	38.7
SEm±	14	0.3	1	0.1	2	1.6
CD at 5%	43	0.9	2	0.4	NS	NS
CV (%)	6	6.1	8	11	11	7.0

*50 % P_2O_5 supplied through Rock phosphate and 50 % through SSP

4.2.1 Número de picos

As estacas por metro quadrado foram significativamente influenciadas pelas diferentes combinações de tratamentos. O número máximo de espigas por metro quadrado foi registado em RP misturado com gesso, e SSP sozinho. Estes tratamentos tiveram uma diferença significativa em relação a todos os outros tratamentos. O número mínimo de espigas foi registado em RP sozinho, que foi estatisticamente igual a RP misturado com PSB.

4.2.2 Comprimento da espiga

A espiga mais longa foi observada no tratamento RP com gesso, que foi significativamente maior do que todos os outros tratamentos, exceto SSP sozinho, RP com PM, RP com FYM e mistura RP SSP. No entanto, o comprimento mínimo da espiga foi registado em RP sozinho.

4.2.3 Número de espiguetas férteis por espiga

O número de espiguetas férteis por espiga foi significativamente influenciado pelos diferentes tratamentos. O número máximo de espiguetas férteis por espiga foi registado em RP misturado com gesso, e SSP sozinho, que foi significativamente mais elevado do que RP sozinho e estatisticamente a par com outros tratamentos.

4.2.4 Número de espiguetas estéreis por espiga

As espiguetas estéreis por espiga mostraram diferenças significativas devido aos tratamentos. O número máximo de espiguetas estéreis por espiga foi registado em RP misturado com PSB, que foi significativamente superior a todos os outros tratamentos, exceto RP misturado com FYM, FYM e PSB, e RP sozinho. O número mínimo de espiguetas estéreis foi registado em RP misturado com gesso.

4.2.5 Número de grãos por espiga

O número de grãos por espiga não foi afetado significativamente pelos diferentes tratamentos. No entanto, o número máximo de grãos por espiga foi registado em RP misturado com gesso e o mais baixo foi registado em RP sozinho.

4.2.6 Peso de 1000 grãos

Não foram observadas diferenças significativas no peso de 1000 grãos devido aos diferentes tratamentos. No entanto, RP misturado com gesso reteve o peso máximo de 1000 grãos, enquanto o menor foi registado em RP sozinho.

4.3 Rendimento

Os dados relativos ao rendimento de grãos, rendimento de palha e rendimento biológico (quintal por hectare) são apresentados no Quadro 8, Fig. 4 e as suas análises de variância são dadas no Apêndice-VII.

4.3.1 Rendimento de grãos

O rendimento de grãos de trigo foi significativamente influenciado pelos diferentes tratamentos. O rendimento máximo de grãos foi obtido em RP misturado com gesso, que foi significativamente maior do que todos os outros tratamentos, exceto SSP sozinho. O rendimento de grãos mais baixo foi registado apenas com RP.

Quadro 8: Rendimento de grãos, palha e biológico e relação grão-palha e índice de colheita influenciados pela aplicação de fosfato de rocha

Treatment	Grain yield ($q\ ha^{-1}$)	Straw yield ($q\ ha^{-1}$)	Biological yield ($q\ ha^{-1}$)	Grain : Straw ratio	Harvest index (%)
SSP alone	48.2	67.6	115.8	0.7	41.6
RP alone	43.0	66.1	109.1	0.7	39.4
RP + gypsum(1:1)	49.2	70.8	120.0	0.7	41.0
RP + SSP (50:50)*	43.9	64.2	108.2	0.7	40.6
RP + PSB	43.3	65.8	109.1	0.7	39.7
RP + FYM (1:1)	46.4	69.7	116.1	0.7	39.9
RP + FYM + PSB	45.5	65.2	110.6	0.7	41.1
RP + Press mud (1:1)	47.0	70.9	117.9	0.7	39.9
RP + Press mud + PSB	45.5	65.8	111.2	0.7	40.9
RP + pyrites (1:1)	44.9	67.9	112.7	0.7	39.8
SEm±	1.7	3.5	3.5	0.5	0.0
CD at 5%	5.1	NS	10.2	NS	0.1
CV (%)	6.5	8.9	5.3	13.4	7.5

*50 % P_2O_5 supplied through Rock phosphate and 50 % through SSP

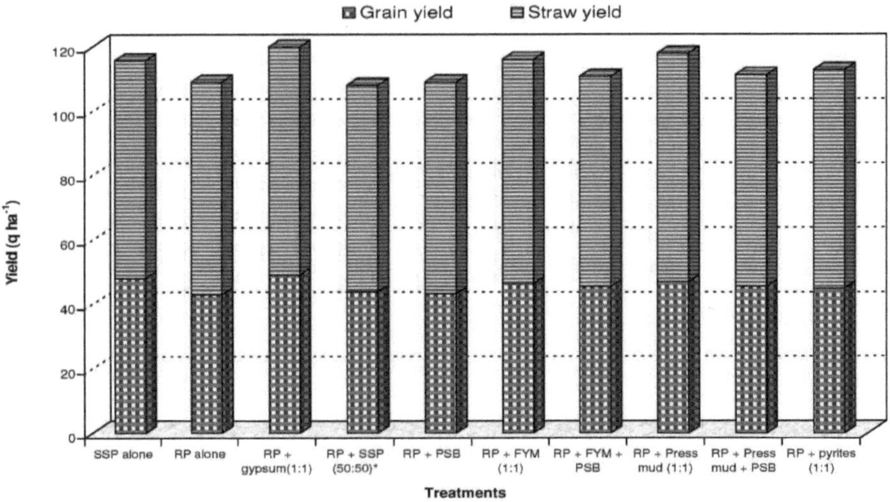

Fig. 4 : Rendimento de grãos, palha e biológico influenciados pela aplicação de fosfato de rocha

Fig. *5* Efeito dos tratamentos com fertilizantes na cultura do trigo

Efeito dos tratamentos com fertilizantes na cultura do trigo

4.3.2 Rendimento em palha

O rendimento da palha não apresentou diferenças significativas, mas a mistura de RP com PM registou o maior rendimento da palha.

O mais baixo foi registado na mistura RP e SSP.

4.3.3 Rendimento biológico

O rendimento biológico foi significativamente influenciado pelos diferentes tratamentos. O rendimento biológico máximo foi registado em RP misturado com gesso, que foi significativamente mais elevado do que RP misturado com SSP, PSB e RP sozinho e estatisticamente a par com todos os outros tratamentos.

4.3.4 Índice de colheita e rácio de palha do grão

O índice de colheita diferiu significativamente devido aos diferentes tratamentos. O valor mais elevado foi registado apenas com SSP. Este foi significativamente mais elevado do que todos os outros tratamentos. RP misturado com FYM e PSB também mostrou uma diferença significativa em relação aos restantes tratamentos. O índice de colheita mais baixo foi registado apenas com RP.

O rácio de palha de grão não diferiu significativamente devido aos diferentes tratamentos. A palha de grão máxima foi registada apenas com SSP e a mais baixa apenas com RP.

4.4 Estudos do solo

Os dados relativos à percentagem de carbono orgânico, à condutividade eléctrica e ao pH são apresentados no Quadro 9 e as respectivas análises de variância são apresentadas no Apêndice VIII.

Quadro 9: Carbono orgânico, CE e pH do solo após a colheita influenciados pela aplicação de fosfato de rocha

Treatment	Organic carbon (%)	EC (dsm^{-1})	pH
SSP alone	0.63	0.25	7.88
RP alone	0.59	0.35	7.98
RP + gypsum(1:1)	0.64	0.30	7.77
RP + SSP (50:50)*	0.62	0.26	7.83
RP + PSB	0.60	0.18	7.88
RP + FYM (1:1)	0.62	0.26	7.81
RP + FYM + PSB	0.61	0.21	7.82
RP + Press mud (1:1)	0.61	0.31	7.96
RP + Press mud + PSB	0.59	0.37	7.85
RP + pyrites (1:1)	0.60	0.23	7.94
SEm±	0.00	0.00	0.10
CD at 5%	0.02	0.02	0.29
CV (%)	1.2	6.02	2.21

*50 % P_2O_5 supplied through Rock phosphate and 50 % through SSP

Verificou-se uma diferença significativa no carbono orgânico devido a variações nos tratamentos. A RP misturada com gesso apresentou o máximo de carbono orgânico, que foi significativamente mais elevado do que os outros tratamentos, exceto a SSP isolada, a RP misturada com FYM e a RP com mistura de SSP.

A CE máxima foi registada em RP misturado com PM e PSB, o que foi significativo do que todos os outros tratamentos, exceto RP sozinho. A CE mais baixa foi observada em RP com PSB. O pH do solo não foi influenciado significativamente pelos diferentes tratamentos.

O pH mais elevado do solo foi observado no RP isolado, seguido do RP com PM e pirite. O pH mais baixo foi registado em RP misturado com gesso.

Os dados relativos ao azoto disponível, ao fósforo disponível e ao potássio disponível (kg por hectare) são apresentados no quadro 10 e as respectivas análises de variância constam do apêndice IX.

O azoto disponível após a colheita diferiu significativamente devido aos diferentes tratamentos. O azoto disponível máximo foi encontrado em RP misturado com PSB, que foi significativamente mais elevado do que a mistura RP SSP e a par de todos os outros tratamentos.

O máximo de fósforo disponível foi encontrado na mistura RP mais SSP. As diferenças significativas foram observadas em RP mais SSP, FYM, FYM mais PSB, SSP sozinho e RP sozinho. Os outros tratamentos não apresentaram diferenças significativas.

O máximo de potássio disponível foi encontrado na mistura RP mais SSP seguido por RP mais FYM. RP mais SSP teve significativamente mais potássio disponível do que outros tratamentos.

Quadro 10: Teores de azoto, fósforo e potássio do solo após a colheita influenciados pela aplicação de fosfato de rocha

Treatment	Available Nitrogen (kg ha^{-1})	Available Phosphorous (kg ha^{-1})	Available Potassium (kg ha^{-1})
SSP alone	155.5	27.3	101.4
RP alone	154.3	26.8	102.2
RP + gypsum(1:1)	153.5	25.6	105.1
RP + SSP (50:50)*	153.0	27.6	126.0
RP + PSB	161.8	25.6	104.0
RP + FYM (1:1)	153.9	27.1	112.3
RP + FYM + PSB	153.9	27.5	99.6
RP + Press mud (1:1)	156.0	25.4	103.5
RP + Press mud + PSB	153.9	25.3	112.0
RP + pyrites (1:1)	159.7	25.4	110.6
SEm±	2.9	0.2	3.2
CD at 5%	8.7	0.7	9.7
CV (%)	3.2	1.6	5.2

*50 % P_2O_5 supplied through Rock phosphate and 50 % through SSP

No entanto, o valor mais baixo de potássio disponível foi encontrado em RP misturado com FYM e PSB. Este valor foi igual ao dos outros tratamentos, exceto RP mais SSP, FYM, PM com PSB e pirites.

4.5 Análise química de instalações

O NPK foi medido no grão e na palha e a sua absorção foi calculada separadamente e, finalmente, a absorção total. Os resultados revelaram que o teor de nutrientes, a absorção no grão e na palha e a absorção total de NPK tiveram diferenças significativas devido aos diferentes tratamentos.

4.5.1.1 Teor e absorção de azoto no grão e na palha

O teor máximo de azoto foi encontrado no SSP sozinho e foi significativamente mais elevado do que outros tratamentos, exceto a mistura RP e SSP, RP com PM e PM com PSB. O teor mais baixo de azoto foi registado em RP misturado com PSB. Os dados relativos ao teor e absorção de azoto pelo grão e pela palha e a sua absorção total são apresentados no Quadro 11 e as respectivas análises de variância são apresentadas no Apêndice-X.

No entanto, na palha, o teor máximo de azoto foi encontrado em RP misturado com PM mais PSB, que foi significativamente mais elevado do que os outros tratamentos. RP misturado com FYM mais PSB também mostrou uma diferença significativa em relação aos outros tratamentos, exceto RP misturado com

PM mais PSB. RP mais PSB foi igual a RP só SSP só e RP mais gesso, mas inferior a RP misturado com PM mais PSB e FYM mais PSB. O teor mais baixo de azoto na palha foi encontrado em RP mais PM.

Quadro 11: Teor de azoto (%) e absorção (kg ha^{-1}) no grão e na palha aquando da colheita, e absorção total de azoto influenciada pela aplicação de fosfato de rocha

Treatment	Grain		Straw		Total uptake (kg ha^{-1})
	Content (%)	Uptake (kg ha^{-1})	Content (%)	Uptake (kg ha^{-1})	
SSP alone	1.79	86.4	0.37	25.0	111.4
RP alone	1.64	70.6	0.36	24.1	94.7
RP + gypsum(1:1)	1.65	81.4	0.37	26.3	107.8
RP + SSP (50:50)*	1.76	77.4	0.34	21.7	99.1
RP + PSB	1.50	64.9	0.38	25.1	90.1
RP + FYM (1:1)	1.61	74.4	0.34	23.7	98.2
RP + FYM + PSB	1.58	71.7	0.41	26.5	98.3
RP + Press mud (1:1)	1.76	82.5	0.31	22.1	104.7
RP + Press mud + PSB	1.78	81.0	0.46	30.5	111.6
RP + pyrites (1:1)	1.67	74.8	0.35	23.7	98.6
SEm±	0.01	3	0.00	1.6	3.1
CD at 5%	0.04	9	0.02	4.72	9.4
CV (%)	1.6	6.8	4.35	11.05	5.4

*50 % P_2O_5 supplied through Rock phosphate and 50 % through SSP

4.5.1.2 Absorção de azoto pelo grão e pela palha

A absorção de azoto pelo grão e pela palha diferiu significativamente devido às diferentes combinações de tratamentos. No grão, a absorção de azoto diferiu significativamente e foi registada como mais elevada apenas com SSP. RP misturado com PM, RP misturado com gesso, e RP misturado com PM mais PSB foi igual ao SSP. No entanto, a menor absorção de azoto pelos grãos foi registada apenas com RP.

A maior absorção de azoto na palha foi registada em RP misturado com PM mais PSB, que foi significativamente superior a todos os outros tratamentos, exceto RP misturado com FYM mais PSB, e RP misturado com gesso. A menor absorção de azoto pela palha foi registada na mistura RP mais SSP, que foi igual a todos os tratamentos, exceto RP misturado com PM mais PSB.

4.5.1.3 Absorção total de azoto

A absorção total de azoto diferiu significativamente devido às diferentes combinações de tratamentos. A maior absorção de azoto total foi registada em RP misturado com PM mais PSB, mas não houve diferença significativa em relação a SSP sozinho, RP mais gesso e RP mais PM. A absorção total de azoto mais baixa foi registada em RP mais PSB, que foi igual a todos os outros tratamentos, exceto RP misturado com PM, PM mais PSB, gesso e SSP isoladamente.

4.5.2 Teor e absorção de fósforo no grão e na palha

Verificou-se um efeito significativo dos tratamentos no teor de fósforo e na sua absorção no grão e na palha. Os dados relativos ao teor e à absorção de fósforo pelo grão e pela palha, bem como à sua absorção total, são apresentados no quadro 12 e as respectivas análises de variância são apresentadas no apêndice XI

4.5.2.1 Teor de fósforo nos cereais e na palha

O teor de fósforo nos grãos foi máximo em RP misturado com gesso, e teve uma diferença significativa em relação aos outros tratamentos, exceto RP com SSP. O teor mínimo de fósforo foi registado em RP misturado com PSB, que foi significativamente inferior a todos os outros tratamentos. No entanto, a palha apresentou o teor de fósforo mais elevado na mistura RP mais SSP. Isto foi significativo em relação a outros tratamentos, exceto RP com pirites. A RP com pirites também mostrou uma diferença significativa em relação aos outros tratamentos, exceto a RP misturada com PM. O menor teor de fósforo na palha foi registado em RP com PSB.

4.5.2.2 Absorção de fósforo pelos cereais e pela palha

A absorção de fósforo pelo grão e pela palha diferiu significativamente devido aos diferentes tratamentos.

A absorção de fósforo pelo grão foi mais elevada em RP misturado com gesso, o que foi igual ao SSP sozinho e RP misturado com FYM, mas significativamente mais elevado do que outros tratamentos. A menor absorção de fósforo no grão foi registada em RP misturado com PM.

Quadro 12: Teor de fósforo (%) e absorção (kg ha^{-1}) no grão e na palha aquando da colheita, e absorção total de fósforo influenciada pela aplicação de fosfato de rocha

Treatment	Grain		Straw		Total uptake (kg ha^{-1})
	Content (%)	Uptake (kg ha^{-1})	Content (%)	Uptake (kg ha^{-1})	
SSP alone	0.287	13.8	0.122	8.2	22.1
RP alone	0.273	11.8	0.123	8.1	19.9
RP + gypsum(1:1)	0.295	14.5	0.124	8.8	23.3
RP + SSP (50:50)*	0.292	12.9	0.141	9.1	21.9
RP + PSB	0.276	12.0	0.111	7.3	19.2
RP + FYM (1:1)	0.287	13.3	0.129	9.0	22.3
RP + FYM + PSB	0.279	12.7	0.116	7.5	20.2
RP + Press mud (1:1)	0.243	11.4	0.133	9.4	20.9
RP + Press mud + PSB	0.282	12.8	0.125	8.2	21.0
RP + pyrites (1:1)	0.281	12.6	0.136	9.2	21.8
SEm±	0.002	0.5	0.001	0.5	0.7
CD at 5%	0.006	1.5	0.005	1.4	2.0
CV (%)	1.313	7.0	2.504	9.3	5.3

*50 % P_2O_5 supplied through Rock phosphate and 50 % through SSP

A absorção máxima de fósforo pela palha foi registada na RP misturada com PM, a par da RP com pirites, RP com FYM e RP com mistura de SSP. A menor absorção de fósforo na palha foi registada na RP misturada com PSB.

4.5.2.3 Absorção total de fósforo

Os diferentes tratamentos tiveram um efeito significativo na absorção de fósforo pela cultura do trigo. A absorção total de fósforo foi máxima em RP com gesso, enquanto o fósforo mais baixo foi registado em RP com PSB. RP com gesso teve uma diferença significativa na absorção total de fósforo do que RP com PM mais PSB, RP com PM, RP com FYM mais PSB, RP com PSB e RP sozinho, e a par com SSP sozinho, RP com SSP , RP com FYM e RP com pirita.

4.5.3 Teor e absorção de potássio no grão e na palha

O teor e a absorção de potássio no grão e na palha e a absorção total pela cultura do trigo estão resumidos no Quadro 13 e as respectivas análises de variância são apresentadas no Apêndice-XII

4.5.3.1 Teor de potássio nos cereais e na palha

Os resultados revelaram que o teor de potássio no grão de trigo foi significativamente influenciado pelos diferentes tratamentos. O teor máximo de potássio no grão de trigo foi registado em RP com pirites, que foi igual a outros tratamentos, exceto SSP sozinho e RP com PM.

Quadro 13: Teor de potássio (%) e absorção (kg ha'1) no grão e na palha aquando da colheita, e absorção total de potássio influenciada pela aplicação de fosfato de rocha

Treatment	Grain		Straw		Total uptake (kg ha^{-1})
	Content (%)	Uptake (kg ha^{-1})	Content (%)	Uptake (kg ha^{-1})	
SSP alone	0.99	47.6	1.40	94.8	142.4
RP alone	1.16	50.2	1.37	90.8	140.9
RP + gypsum(1:1)	1.11	54.6	1.37	97.2	151.8
RP + SSP (50:50)	1.01	44.1	1.27	81.6	125.7
RP + PSB	1.17	50.8	1.31	85.8	136.6
RP + FYM (1:1)	1.08	49.9	1.32	91.7	141.6
RP + FYM + PSB	1.07	48.7	1.45	94.3	143.0
RP + Press mud (1:1)	0.96	45.2	1.25	88.3	133.5
RP + Press mud + PSB	1.05	47.9	1.37	89.9	137.8
RP + pyrites (1:1)	1.18	52.9	1.25	85.1	137.9
SEm±	0.01	1.9	0.01	5.0	5.2
CD at 5%	0.05	5.6	0.04	14.9	15.5
CV (%)	3.19	6.7	1.77	9.6	6.5

*50 % P_2O_5 supplied through Rock phosphate and 50 % through SSP

O teor máximo de potássio na palha foi registado em RP com FYM mais PSB, e foi significativamente mais elevado do que RP com pirites, RP com PM, e RP com SSP, Os outros tratamentos foram iguais a RP misturado com FYM e PSB.

4.5.3.2 Absorção de potássio pelos cereais e pela palha

A absorção de potássio pelo grão e pela palha foi significativamente influenciada pelos tratamentos e foi encontrada no máximo em RP com gesso e no mínimo em RP com SSP. O teor e a absorção de potássio encontrados em RP com gesso foram significativamente mais elevados do que em RP com SSP, RP com PM, SSP sozinho RP com FYM mais PSB. No entanto, não foram encontradas diferenças significativas na absorção de potássio nos restantes tratamentos.

A palha teve uma absorção máxima de potássio na parcela que recebeu RP com gesso. Isto foi significativamente mais elevado do que RP mais SSP, e foi a par com outros tratamentos.

4.5.3.3 Absorção total de potássio

A absorção total de potássio diferiu significativamente devido às diferentes combinações de tratamentos. A absorção total máxima de potássio foi registada em RP com gesso, enquanto a mais baixa foi encontrada em RP com SSP. O RP com gesso foi igual ao RP com FYM mais PSB, RP com FYM e

SSP sozinho. Os outros tratamentos deram uma absorção total de potássio significativamente mais baixa do que o RP com gesso.

4.6 Análise económica

A análise económica, como o custo de cultivo, o rendimento bruto, o rendimento líquido e o rácio benefício/custo, é apresentada no Quadro 14 e representada graficamente nos detalhes sobre o custo de cultivo no Apêndice-XIII.

O custo máximo de cultivo de Rs 21450 foi registado em RP com FYM mais PSB e RP mais PM mais PSB. No entanto, o retorno bruto, o retorno líquido e a relação custo-benefício mais elevados foram registados no tratamento RP com gesso, seguido do tratamento SSP isolado. O custo de cultivo mais baixo foi registado no tratamento RP sozinho.

Quadro 14: Rendimento bruto, custo de cultivo, rendimento líquido e rácio B: C influenciados pela aplicação de fosfato de rocha

Treatment	Gross return (Rs ha^{-1})	Cost of cultivation (Rs ha^{-1})**	Net return (Rs ha^{-1})	B:C ratio
SSP alone	69893.94	21205.00	48688.94	2.30
RP alone	63848.48	21100.00	42748.48	2.03
RP + gypsum(1:1)	71856.06	21175.00	50556.06	2.38
RP + SSP (50:50)*	64393.94	21152.50	43241.44	2.04
RP + PSB	64106.06	21300.00	42956.06	2.01
RP + FYM (1:1)	68424.24	21250.00	47174.24	2.22
RP + FYM + PSB	66287.88	21450.00	44987.88	2.09
RP + Press mud (1:1)	69393.94	21250.00	47406.94	2.23
RP + Press mud + PSB	66439.39	21450.00	44889.39	2.09
RP + pyrites (1:1)	66303.03	22258.00	44045.03	1.98

*50 % P_2O_5 supplied through Rock phosphate and 50 % through SSP

**wheat MSP Rs 1100 per quintal, straw Rs 250 per quintal

Capítulo 5

Discussão

Os resultados apresentados no capítulo anterior sobre o "Desempenho da cultura do trigo, teor de nutrientes e sua absorção e estado de fertilidade do solo, influenciados pela aplicação de fosfato de rocha com diferentes materiais acidulantes são aqui discutidos, com possíveis explicações e evidências experimentais. Sempre que possível, foi dada a possibilidade de estabelecer a relação de "causa e efeito".

O fosfato de rocha com gesso registou um rendimento de grãos significativamente mais elevado (49,2 q ha-1). Isto pode dever-se ao maior número de espigas por metro quadrado e ao maior número de espiguetas férteis por espiga. O gesso tornou o fósforo disponível para a planta criando uma condição ácida através da formação de ácido sulfúrico na presença de humidade suficiente no solo. A acidulação de fosfato de rocha com pressmud, FYM, pirita e SSP sozinho também produziu 47,0, 46,4, 44,9 e 48,2 q ha-1 respetivamente, o que foi 8,5, 7,3, 4,23 e 10,7 8% maior do que RP sozinho. Isso se deve aos materiais acidulantes, que reduzem a capacidade de fixação de fósforo do solo e o tornam disponível para as plantas **(Mclean e Ssali, 1977).** Resultados semelhantes foram registados por **Marwaha, (1981) e Verma *et al.* (1987).** A aplicação de bactérias solubilizadoras de fósforo sozinhas e juntamente com FYM e pressmud registou um rendimento de grãos 0,7, 5,5 e 5,5 % mais elevado do que o fosfato de rocha sozinho. Isto é principalmente atribuído ao microrganismo, que causou a excreção de ácidos orgânicos como o ácido glutânico, ácido succínico, ácido lático, ácido oxálico, ácido glioxálico, ácido maleico, ácido fumárico, ácido tartárico, ácido a-cetobutírico, ácido propiónico e ácido fórmico. Estes ácidos solubilizam o fósforo e tornam-no disponível para a planta. Uma vez que esta reação tem lugar na rizosfera e devido a

Os microrganismos libertam mais fósforo para a solução do solo do que o necessário para o seu próprio crescimento e metabolismo. Esta quantidade excedentária de fósforo fica disponível para as plantas **(Singh e Kapoor, 1999).** O rendimento da palha não apresentou diferenças significativas. No entanto, a aplicação de fosfato de rocha com diferentes materiais acidulantes registou um maior rendimento em palha do que apenas o fosfato de rocha. Isto pode dever-se provavelmente ao maior crescimento e desenvolvimento das plantas, que se tornou possível devido a uma maior disponibilidade de fósforo. **Mclean e Ssali (1971)** referiram que a solubilidade do fósforo no solo aumenta à medida que o teor de matéria orgânica aumenta, presumivelmente, enquanto a matéria orgânica em decomposição liberta ácido húmico que, por sua vez, converte o fosfato do solo indisponível em formas disponíveis. Assim sendo, a FYM ou outro adubo orgânico, se aplicado com minerais de fosfato de alto grau, **Brady (1984).** Foi registado um rendimento biológico significativamente mais elevado (120 q ha^{-1}) em fosfato de rocha acidulado com gesso. O maior rendimento biológico em fosfato de rocha acidulado com gesso deve-se ao melhor crescimento e desenvolvimento da planta devido a uma maior disponibilidade de fósforo e a práticas de gestão adequadas. A rocha fosfática acidulada com pressmud, FYM, pirita e SSP também deu 117,9, 116,1, 112,5 e 115,8 q ha^{-1} que foram 7,9, 6,0, 3,2 e 5,8 % mais elevados do que a rocha fosfática sozinha. Isso pode ser devido à acidulação do fosfato de rocha, que tornou mais fósforo disponível (**De e Basak, 1997)** para a planta e causou maior crescimento vegetativo. A acidulação do fosfato de rocha juntamente com PSB, FYM com PSB, e PSB com pressmud também registou um maior rendimento biológico. **Singh e Kapoor (1999)** também encontraram um resultado semelhante. O SSP sozinho registou significativamente o valor mais elevado do índice de colheita, que foi 5,3 % superior ao do fosfato de rocha sozinho. Este facto pode dever-se a uma maior produção de grãos em comparação com a palha.

O rendimento do grão de trigo é determinado pelo número de espigas, comprimento da espiga, número de grãos por espiga e peso de 1000 grãos. O maior número de espigas (441 m^{-2}) foi registado no fosfato de rocha com gesso. No entanto, o RP com outros materiais acidulantes também registou um maior número de espigas do que o fosfato de rocha sozinho. Isso pode ser devido ao maior número de população de plantas com maior número de perfilhos efetivos m^{-2} . O maior número de espigas e de espiguetas férteis por espiga foi registrado no fosfato de rocha com gesso e no SSP sozinho. Isto pode ser devido à garantia de fornecimento de humidade que causou uma maior disponibilidade de nutrientes. O fosfato de rocha acidulado com pressmud, FYM e pirita também registou mais comprimento de espiga do que o fosfato de rocha sozinho. Uma vez que a rocha fosfática acidulada foi considerada um meio possível de minimizar a capacidade de fixação de fósforo do solo e torná-lo disponível para as plantas, resultou num melhor crescimento e desenvolvimento. Estes resultados estão em estreita conformidade com as conclusões de **Mclean e Ssali (1977); Idapuganti e Ahlawat (2007).** O número de espiguetas estéreis por espiga, o número de grãos por espiga e o peso de 1000 grãos não apresentaram diferenças significativas. No entanto, o maior número de grãos por espiga foi registado no fosfato de rocha com gesso. Isso pode ser devido ao maior acúmulo de matéria seca, maior fotossíntese e translocação adequada de fotossintatos da fonte para o sumidouro.

A acumulação de matéria seca mostrou uma diferença significativa devido aos diferentes tratamentos. A maior acumulação de matéria seca foi registada no fosfato de rocha acidulado com gesso, enquanto a menor foi registada no RP sozinho. A maior acumulação de matéria seca nas parcelas RP com gesso pode dever-se à maior disponibilidade de fósforo para a planta, devido à formação de ácido sulfúrico através do gesso. O enxofre do gesso é oxidado e produz ácidos sulfúricos que aumentam a eficácia do fosfato de rocha **(Singh *et al.*, 1978).** Achados semelhantes foram também registados por **Yadav *et al.* (2006).**

A acidulação do fosfato de rocha com PSB, PM com PSB, FYM com PSB também proporcionou uma maior acumulação de matéria seca em comparação com o fosfato de rocha isolado. Estes resultados estão em conformidade com **Asharaf *et al.* (2009).** O aumento do crescimento das plantas é atribuído ao papel dos PSB na síntese de substâncias promotoras de crescimento e também na produção de vitaminas. As raízes das plantas associadas aos PSB também segregam H^+ e produzem substâncias quelantes e aumentam a disponibilidade de fósforo **(Clarksol 1985).**

A altura das plantas não diferiu significativamente devido às diferentes acidulações com fosfato de rocha. No entanto, esta foi encontrada mais elevada em RP com gesso. Isto deve-se a práticas agronómicas adequadas, ao fornecimento seguro de irrigação e a um melhor crescimento das plantas. **Mkangwa *et al.* (2004)** também efectuaram resultados semelhantes. A utilização de bactérias solubilizadoras de fósforo juntamente com pressmud e acidulação FYM também aumenta a altura da planta em relação ao fosfato de rocha sozinho. Estes resultados estavam em conformidade com **Chhabra e Jalali (1997)** e **Babana *et al.* (2006).**

Foi registada uma população de rebentos significativamente maior no fosfato de rocha com gesso em comparação com RP sozinho. A população de rebentos aumentou com o aumento da idade da cultura até 60 dias após a sementeira e depois disso começou a diminuir devido à mortalidade dos rebentos. A população de rebentos mais baixa foi registada apenas com RP, o que se deveu a uma menor contagem de emergência. A maior disponibilidade de fósforo para a cultura sob fosfato de rocha acidulado pode ser uma razão para aumentar a população de rebentos **(Mokwuyne e Chien, 1980).**

Foi observada uma diferença significativa na contagem de emergência devido aos diferentes tratamentos. O número máximo de emergência (282 m^{-2}) foi registado em RP com PM. O menor (203 m^2) foi registado em RP com FYM mais PSB.

O teor máximo de azoto no grão foi encontrado apenas na SSP e na palha em RP com PM mais PSB. Isto deve-se provavelmente a uma maior translocação e acumulação de fotossintatos nos grãos. A absorção máxima de azoto total foi registada em RP com PM mais PSB. Pode ser devido à acidez gerada pelo pressmud que neutralizou a reação do solo e tornou o azoto disponível para a planta. Estes resultados estão em conformidade com os de **Singh e Kapoor (1999).** Ele também relatou que a absorção de nitrogênio e fósforo foi aumentada após a inoculação com PSB. Foi encontrado um teor máximo significativo de fósforo em RP com gesso no grão e em RP mais SSP na palha. Tal pode dever-se a uma maior absorção de fósforo. A absorção máxima de fósforo total foi encontrada na RP com gesso, o que pode ser devido a um maior teor de fósforo disponível. O teor máximo de potássio foi encontrado em RP com pirita no grão e em RP mais FYM mais PSB na palha. A absorção total máxima de potássio foi encontrada na RP com gesso. Isso pode ser devido à acidulação que converteu o potássio não trocável em trocável **(Richter, 1994).** A absorção total mais baixa foi registada na RP com SSP. Provavelmente devido à fixação do potássio. Muitos dos fertilizantes inorgânicos aplicados ao solo fixaram o potássio numa forma insolúvel e tornaram-no indisponível para as plantas **(Sanyal e Datta, 1991).**

O carbono orgânico (%) mais elevado após a colheita foi registado na RP com gesso. Isto pode dever-se ao facto de a dissolução de carbonatos em solos neutros a alcalinos resultar no consumo de gás dióxido de carbono e na formação de ácidos carbónicos, enquanto a precipitação de carbonatos resulta na libertação de dióxido de carbono. Este efeito da dissolução ou precipitação de carbonatos do solo com a humidade adequada do solo resulta num sumidouro líquido de carbono. No entanto, o carbono orgânico mais baixo foi registado apenas no fosfato de rocha, o que pode dever-se a uma maior precipitação de sal. Foi registada uma condutividade eléctrica significativamente mais elevada na RP com PM mais PSB, seguida do fosfato de rocha isolado. A condutividade eléctrica mais elevada no solo é principalmente atribuída ao maior teor de sal, que é mais elevado no fosfato de rocha. O pH do solo apresentou uma diferença não significativa entre os tratamentos, devido à capacidade de tamponamento do solo, mas registou o valor mais baixo na RP com gesso. Com efeito, a incorporação de gesso reduz o pH do solo ao provocar a precipitação do teor de sais. Para além de diminuir o pH do solo, o gesso também leva à geração de protões, o que provoca uma maior redução do pH do solo **(Chorom e Rengasamy, 1997).** O azoto disponível mais elevado no solo após a colheita foi encontrado no fosfato de rocha misturado com PSB, que foi igual a todos os tratamentos. A partir desta experiência, observou-se que o teor de azoto disponível no solo após a colheita não foi afetado pelos diferentes tratamentos e foi independente da acidulação do fosfato de rocha. O maior teor de fósforo disponível no solo após a colheita foi encontrado em RP mais SSP. Tal pode dever-se ao facto de o SSP ser solúvel em água. O potássio disponível máximo no solo após a colheita foi registado no fosfato de rocha com SSP. Muito provavelmente pode ser devido à SSP solúvel em água na presença de humidade assegurada.

A RP com gesso registou o rendimento bruto mais elevado (Rs 71856,06), o rendimento líquido (Rs 50556,060) e o rácio benefício: custo (2,38), enquanto o mais baixo foi encontrado na RP isolada. Este rendimento bruto e líquido mais elevado deve-se a uma maior produção de grãos e palha, o que permitiu obter mais rendimentos no mercado, e o rácio benefício/custo mais elevado deve-se a um menor custo dos factores de produção. O custo mais elevado de cultivo foi registado em RP com FYM mais PSB e RP com PM mais PSB. Este custo máximo deve-se ao custo adicional da PSB.

Capítulo 6

Resumo e conclusão

Foi realizada uma experiência de campo durante a estação *rabi* de 2009-10 no Centro de Investigação de Culturas Norman E. Borloug, da Universidade de Agricultura e Tecnologia G.B. Pant, Pantnagar, U. S. Nagar, Uttarakhand, para avaliar o "Desempenho da cultura de trigo sob fosfato de rocha acidulado". Os materiais acidulantes foram PM, FYM, gesso, pirita e PSB. Para a experimentação, foi utilizado o delineamento de blocos aleatórios (RBD), com 10 tratamentos e três repetições. Os resultados mais importantes são resumidos a seguir.

Crescimento

Os tratamentos não tiveram efeito significativo na emergência. No entanto, foi registado um maior número de plantas emergidas em RP acidulado com PM. O número de rebentos por metro quadrado foi influenciado significativamente pelos diferentes tratamentos em todas as fases de crescimento. O número máximo de rebentos foi registado em RP com gesso, enquanto o mais baixo foi registado apenas em RP. A altura das plantas não foi influenciada significativamente pelos diferentes tratamentos. Mas a planta mais alta foi encontrada em RP com gesso em todas as fases de crescimento. A acumulação de matéria seca apresentou diferenças significativas em função dos tratamentos, e a acumulação máxima de matéria seca em várias fases de crescimento da cultura foi registada em RP com gesso, enquanto a mais baixa foi registada em RP isolado.

Rendimento e atributos do rendimento

Registou-se um rendimento de grãos significativamente mais elevado em RP com gesso em comparação com o mais baixo que foi encontrado em RP sozinho. O rendimento biológico foi mais elevado na RP com gesso e o mais baixo na RP com SSP. No entanto, o rendimento em palha não apresentou diferenças significativas. O rendimento máximo de palha foi registado em RP com PM, enquanto o mais baixo foi encontrado em RP mais SSP. Foi registado um número significativamente mais elevado de espigas por metro quadrado na RP com gesso do que na RP isolada. O número máximo de espigas por metro quadrado e de espiguetas férteis por espiga foi registado em RP com gesso, mas as espiguetas estéreis por espiga foram as mais baixas em comparação com outros tratamentos. O número de grãos por espiga não apresentou diferença significativa entre os tratamentos, sendo maior no RP com gesso e menor no RP sozinho. O peso de 1000 grãos também apresentou uma diferença não significativa, mas o peso máximo de 1000 grãos foi encontrado em RP com gesso e o menor em RP sozinho. O índice de colheita mostrou uma diferença significativa e registou o máximo em SSP sozinho. O índice de colheita mais baixo foi observado em RP sozinho. O rácio de palha de grão foi encontrado no máximo em SSP sozinho e o menor em RP sozinho, como índice de colheita, mas mostrou diferença não significativa.

Teor de nutrientes na planta e sua absorção

O teor máximo de nitrogênio no grão e na palha foi encontrado em SSP sozinho e em RP com PM mais PSB, respetivamente. A absorção máxima de azoto total foi registada em RP com PM mais PSB. E a menor absorção de nitrogênio total foi encontrada em RP mais PSB. O teor máximo de fósforo na planta foi encontrado em RP com gesso no grão e em RP com SSP na palha. A absorção total de fósforo foi mais elevada na RP com gesso e a mais baixa na RP com PSB. O teor máximo de potássio no grão foi registado na RP com pirites e na palha foi registado na RP com FYM e PSB. A absorção máxima de potássio foi registada na RP com gesso e a mais baixa foi registada na RP com SSP.

Solo após a colheita

O carbono orgânico e a condutividade eléctrica foram registados no máximo em RP com gesso e RP com PM mais PSB, respetivamente. Enquanto o carbono orgânico mais baixo foi encontrado na RP isolada e a condutividade eléctrica na RP com PSB. O pH do solo não apresentou diferenças significativas. O pH máximo foi registado na RP isolada e o mínimo na RP com gesso. O azoto disponível mais elevado foi registado na RP com PSB, enquanto o fósforo e o potássio foram máximos na RP com SSP. O azoto disponível mais baixo foi encontrado na RP com SSP, o fósforo na RP com PM mais PSB e o potássio na RP com FYM mais PSB.

Estudos económicos

O retorno bruto e líquido e a relação benefício/custo mais elevados foram registados na RP com gesso. E o menor foi registado na RP com PSB. Os custos de cultivo mais elevados foram registados na RP com PM mais PSB e RP com FYM mais PSB e os mais baixos foram registados na RP isolada seguida da RP com gesso.

Conclusão

Conclui-se que o fosfato de rocha acidulado com gesso melhorou o crescimento e o rendimento do trigo, para além da fertilidade do solo. Por conseguinte, pode ser utilizado como alternativa aos adubos fosfatados químicos. No entanto, o estudo necessita de ser atualizado para revalidação.

Literatura citada

Agrawal, B.K.; Sarkar, A.K.; Prasad, J. e Singh, R.P. 2004. Fosfato de rocha compactado como fonte de fósforo vegetal em solo ácido. *Jornal de Investigação da Universidade de Agricultura de Birsa.* **16** (2) : 215-222.

Allen, E.R.; Ming, D.W.; Hossner, L.R.; Henninger, D.L. e Galindo, C. 1995. Crescimento e absorção de nutrientes do trigo em substratos de clinoptilolito-fosfato de rocha. *Agronomy Journal.* **87** (6): 1052-1059.

Anónimo. 2009. Ministério da Agricultura. *In:* Pratiogita Darpan Série-1, Economia Indiana (2009) Código n.º 790.

Ansumana, K.T.S. e Wang, G.H. 1998. Fertilizante de rocha fosfática em solos ácidos: comparação de métodos de extração de fosfato para medir a dissolução. *Pedosphere.* **8** (3): 273-279.

AntarikAnonda, P.; Sassanarakkit, S.; Amaret, P.; Waiamai, P.; Kinoshita, S. e Bhumiratana, A. 1991. Sistema biológico para melhorar a disponibilidade de fosfato de rocha para as plantas. NRCT, NUS, DOST-JSPS Seminário Conjunto sobre Biotecnologia 22-26 de dezembro de 1990, Songkla, Tailândia e Singapura. pp. 612-619.

Ashby, D. L.; Fenster, W. E. e Attoe, O. J. 1966. Effect of partial acidulation and elemental sulphur on the availability of phosphorous in rock phosphate. *Agron. Journal.* **58** : 621-625.

Ashraf, M.; Rahmatullah,; Maqsood, M.A.; Kanwal, S.; Tahir, M.A. e Ali, L. 2009. Respostas de crescimento de cultivares de trigo em fosfato de rocha em hidroponia. *Pedosfera.* **19** (3) : 398402.

Azcon, R.; Berea, M e Hayman, D. S. 1976. Utilização de fosfato de rocha em solos alcalinos por plantas inoculadas com fungos micorrízicos e bactérias solubilizadoras de fósforo. *Soil Biol. Biochem.* **8** : 135-138.

Babana, A.H. e Antoun, H. 2006. Sistema biológico para melhorar a disponibilidade de fosfato de rocha tilemsi para o trigo cultivado no Mali. *Ciclo de Nutrientes em Agroecossistemas.* **76** : 285295.

Bangar, K.C.; Shanker, S.; Kapoor, K.K.; Kukreja, K. e Mishra, M.M. 1989. Preparação de composto de palha de arroz enriquecido com azoto e fósforo e seu efeito no rendimento e na absorção de nutrientes pelo trigo. *Biol. Fertil. Soils* **8** : 339-342.

Basak, R.K.; Pattanayak, P.S.D. e Debnath, N.C. 1991. Eficácia do fosfato de rocha de Purulia parcialmente acidulado como fertilizante para culturas forrageiras. *Journal-of-the-Indian-Society-of-Soil- Science.* **39** (3) : 586-587.

Begum, Mamata; Narayanasamy, G. e Biswas, D.R. 2004. Capacidade de fornecimento de fósforo de rochas fosfáticas influenciada pela compactação com fertilizantes fosfáticos solúveis em água. *Nutrient Cycling in Agrosystems.* **68** : 73-84.

Bhattacharyya, P. e Jain, R.K. 2000. Biofertilizantes solubilizadores de fósforo no turbilhão de fosfato de rocha - desafios e oportunidades. *Fertiliser-News.* **45** (10) : 45-49, 51-52.

Blatt, Harvey e Robert J. Tracy. 1996. *Petrology,* 2nd ed. pp. 345-349 ISBN 0- 7167-2438-3.

Bock, E. 1961. "On the solubility of anhydrous calcium sulphate and of gypsum in concentrated solutions of sodium chloride at 25 °C, 30 °C, 40 °C, and 50 °C". *Canadian Journal of Chemistry* **39** (9) : 1746-1751.

Bolland, M.D. 1994. Efeito do abastecimento de água na resposta do trigo e do triticale a aplicações de fosfato de rocha e superfosfato. *Investigação sobre fertilizantes.* **39** : 43-47.

Brady, N.C. 1984. The nature and properties of soils. Collier Macmillan, Londres.

Chahal, R.S.; Gupta, A.P. e Singh, Samander. 1981. Eficiência relativa de superfosfato e fosfato de rocha com pirita de ferro. *Indian J. Agronomy.* **26** (4) : 403-407.

Chhabra, M.L. e Jalali, B.L. 1997. Impacto da inoculação do endófito micorrízico VA Glomus mosseae na utilização de fosfato de rocha no trigo. *Plant-Disease-Research.* **12** (2) : 163166.

Chien, S.H. 1992. Reacções de rochas fosfáticas com solos ácidos dos trópicos húmidos. *Em* A.T. Bachik & A. Bidin, eds. *Proceedings of a workshop on phosphate sources for acid soils in the humid tropics of Asia,* Kuala Lumpur, *Malaysian Society of Soil Science.* pp. 18-29.

Chorom, M. e Rengasamy, P. 1997. Química, pH e propriedades físicas de um solo alcalino sódico afetado por várias alterações. *Australian Journal of Soil Research* **35**: 149-161.

Clarkson, D.T. 1985. Fator que afecta a aquisição de nutrientes minerais pelas plantas. *Ann Rev Plant Physiology.* **36** : 77-115.

Costa, N. de.L.; Paulino, V.T.; Veasey. E.A. e Leónidas, F.de.C. 1992. Efeito da micorriza vesicular-arbuscular e da fertilização com fosfato de rocha no crescimento, nodulação e absorção de azoto e fósforo de Leucaena. *Leucaena-Research-Reports.* **13** : 10-12.

Dalal, R.C.; Oades, J.M. e Lewis, D.G. 1988. Eficácia fertilizante do fósforo extraído com ácido de uma rocha fosfática de baixo grau. *Fertilizer Research,* **17**: 165-176.

Dash, R.N.; Mohanty, S.K. e Patnaik, S. 1981. Eficácia de HCL e H_2 SO_4 fosfato de rocha acidulado para um sistema de cultivo à base de arroz. *Fertilizer Research,* **2**: 109-118.

De, G.K. e Basak, R.K. 1997. Efeito do fosfato de rocha parcialmente acidulado na disponibilidade de fósforo em solo alcalino. *Indian Agriculturist.* **41** (2) : 131-138.

Debnath, N.C. e Basak, R.K. 1986. Avaliação do valor fertilizante de alguns fosfatos de rocha indígenas e escórias básicas da Índia. *Fertilizer Research.* **8** : 241-248.

Deshpande, S.B.; Fehrenbecher, J.B. e Beavers, A.H. 1971. Génese e classificação, molisols da região de *tarai* de Uttar Pradesh, Norte da Índia. *Geoderma.* **6** : 179-193.

Dubey, S.K.; Balasundaram, V.R.; Pant, L.M.; Jayasheela, N.; Kawale, B.R. e Mishra, B. 1997. Effect of phosphate dissolving bacteria applied with rock phoophate on nodulation and yield of rianfed soy bean under different agro climatic conditions. *J. Indian Soc. Soil Sci.* **45** (3): 503-505.

Dwivedi, G.K. 1995. Utilização eficiente do fosfato de rocha de Mussoorie como produto parcialmente acidulado em solos ácidos na sequência feijão-trigo. *Ann. Agric. Res.* **16** (3) 317-323.

Fleet, M. E. e A. H. Mumin. 1997. Pirite e marcassite arseniana com ouro e arsenopirite de depósitos de ouro da Carlin Trend e síntese laboratorial. *American Mineralogist.* **82** : 182-193.

Garcia, R.; Roberto, Villasuso; Carlos, Ayora,; Angels Canals, e Fermin Otalora. 2007. "Formação de megacristais de gesso natural em Naica, México". *Geologia* **35** (4) : 327- 330.

Gerretsen, F.C. 1948. The influence of microorganisms on the phosphate intake by the plant. *Plant Siol.* 1 : 51-81.

Ghazi, H.E.; Singh, R.N.; Keefer, R.F. e Bennett, O.L. 1981. Rendimento e composição do milho afectados pelo fosfato de rocha e pela aplicação de fertilizantes em misturas de solo de minas/cinzas volantes. Resumos de Agronomia. 73ª reunião anual, *Sociedade Americana de Agronomia.* pp. 177.

Ghosal, P.K.; Chakraborty, T.; Bhattacharya, B.; Bagchi, D.K. 2003. Relative Agronomic Effectiveness of phosphate rocks and P adsorption characteristics of an Oxic Rhodustalf in eastern India. *Journal of Plant Nutrition and Soil Science.* **166** (6) : 750-755.

Ghosh, A.K. e Gilkes, R.J. 1987. A eficácia agronómica inicial e residual de alguns fosfatos de rocha da Índia, EUA e Austrália. *Fertilizer Research* **12 :** 201-218.

Halder, A.K,; Mishra, A.K. e Chakrabarti, P.K. 1991. Solubilização de fosfatos inorgânicos por *Bradyrhizobium. Indian J. Exp. Biol.* **29** : 28-31.

Idapuganti, R.G. e Ahlawat, I.P.S. 2007. Integrated phosphorus management in pigeonpea *(Cajanus cajan)* - wheat *(Triticum aestivum)* cropping system. *Indian Journal of Agronomy,* **52** (4): 287-293.

Jackson, J. A.; James Mehl e Klaus Neuendorf. 2005. Glossário de Geologia, Instituto Geológico Americano, p. 82.

Jackson, M.C. 1973. Soil Chemist Analysis. Prentice Hall Pvt. Ltd. Índia.

Jamwal, J.S. e Bhagat, K.L. 2004. Response of wheat to top dressing of DAP in rain fed area of Shivalik foot hills. *Indian J. Agronomy.* **49** (4) : 351-253.

Jat, A.S.; Dadheech, R.C.; Baldev, Ram e Jat, M.C. 2004. Effects of herbicides, phosphorous and phosphate solubilizers on growth yield and weed control efficiency of wheat in central plateau and hills zone of India. *Indian J. Agronomy.* **49** (1) : 53- 56.

Kapoor, K.K.; Mishra, M.M. e Kukreja, K. 1989. Phosphoroussolubilization by soil microorganism: a review. *Indian J. Microbiology.* **29** : 119-127.

Khasawneh, F. B. e Doll. B. C. 1978. *Adv. Agron.* **30** : 159-206.

Klein, Cornells e Cornelius S. Hurlbut. 1985. *Manual of Mineralogy,* John Wiley, 20ª ed., pp. 352-353, ISBN 0-471-80580-7.

Kpomblekou, A.K. e Tabatabai, M.A. 2003. Efeito dos ácidos orgânicos de baixo peso molecular na libertação de fósforo e na fitodisponibilidade do fósforo em rochas fosfáticas adicionadas aos solos. *Agriculture-Ecosystems-and-Environment.* **100** (2) : 275-284.

Kucey, R.M.N. 1987. Aumento da absorção de fósforo pelo trigo e feijão inoculados com fungos PSB e VAM. *Appl Environ. Microbiol* **53** : 2699-2703.

Kucey, R.M.N.; Janzen, H.H. e Leggett, M.E. 1989. Aumento do fósforo disponível para as plantas mediado por micróbios. *Adv. Agrono.* **42** : 199-221.

Kumar, Vivek e Narula, Neeru. 1999. Solubilização de fosfato inorgânico e crescimento emergente do trigo como afetado por mutantes *de Azotobactor chroococcum. Biol. Fertil. Solos.* **28** : 139-144.

Leinhos, V. e Bergmann, H. 1995. Influência das rizobactérias produtoras de auxinas na morfologia radicular e na acumulação de nutrientes do milho por inoculação com estirpes de Pseudomonas produtoras de ácido indol-3-acético (IAA) e por IAA aplicado exogenamente em diferentes condições de abastecimento de água. *Angfw. Bot.* 69 : 37-41.

Mahanta, D. e Rai, R.K. 2006. Effect of PSB and VAM on phosphorous availability and uptake in wheat crop. *Indian J. Agronomy.* **53** (4) : 379-284.

Marwaha B. C. 1981. Eficácia do ácido nítrico e do fosfato fino de rocha acidulado com ácido fosfórico na sequência de culturas de trigo e grama preta. *Exptl. Agric.* **24**: 36-39.

Marwaha, B.C. 1983. Eficiência do ácido nítrico e do fosfato de rocha acidulado com ácido fosfórico na sequência de cultivo trigo-grama preto. *Journal of the Indian Society of Soil Science.* **31** (4) : 539-544.

Marwaha, B.C. e Acharya, C.L. 1982. Effect of partially acidulated rock phosphate on growth and chemical composition of wheat roots and some physical properties of the soil under field conditions. *Himachal-Journal-of-Agricultural-Research.* **8** : 1-2 30-33.

Marwaha, B.C.; Kumar, B.S. e Tripathi, B.R. 1981. Efeito direto e residual do fosfato de rocha de Mussoorie relacionado com as espécies de culturas em solos ácidos. *J. Indian Soci. of Soil Science.* **29**(3) : 349-355.

Mclean, E. O. e Ssali, H. 1977. Efeito da taxa de fósforo e da forma de combinação com cal e gesso no rendimento e na composição do milheto alemão e da alfafa de solos altamente intemperizados. *Soil Sci.* **123** : 155-164.

Mclean, E. O. e Wheeler, R. W. 1964. Fosfato de rocha parcialmente acidulado como fonte de fósforo para as plantas. *Soil Sci. Soc. Am. Proc.* **28** : 545-550.

Mclean, G.H. e Gremillion, L.R. 1979. O papel do fósforo na agricultura. Capítulo 3, *Soil Sci. Soc. Am.* Madison Wisconsin (no prelo).

Mercykutty, V.C.; Marattukalam, J.G. e Saraswathyamma, C.K. 2002. Efeito da cianamida de hidrogénio e do fosfato de rocha na germinação e no crescimento inicial de cepos de Hevea com rebentos castanhos. *Indian Journal of Natural Rubber Research.* **15** (1) : 88-92.

Mishra, B,; Omanwar, P.K.; Sharma, R.D. e Mishra, N.P. 1983. Utilização de fosfato de rocha misturado com pirites ou superfosfato como fonte de fósforo em solos neutros. *Indian J. of Agric. Chemistry.* **15** (3) : 109-111.

Mishra, B. e Gupta, R.P. 1978. Avaliação do fosfato de rocha de Mussoorie como fonte de fósforo para o milho em solos ácidos das colinas de Kumaon. *Indian J. of Agric. Sci.* **48** (4) : 239-244.

Mishra, R.D. e Singh, T.A. 1998. Efeito direto e residual do polifosfato de amónio líquido como fonte de fósforo em culturas intercalares de trigo e milho. *Indian J. Agronomy.* **43** (2) : 223- 230.

Mkangwa, C.Z.; Semoka, J.M.R. e Maliondo, S.M.S. 2004. Melhoria do rendimento e da qualidade da biomassa de Tephrosia vogelii devido à aplicação de rocha fosfática do Minjingu em ferrasols de diferentes pH. *Agricultura Biológica e Horticultura.* **22** (1): 57-67.

Mokwunye, A.U. e Chien, S.H. 1980. Reacções de fosfato de rocha parcialmente acidulado com solos dos trópicos. *Soil Sci. Soc. Am. J.* 44 : 477-482.

Motsara, M.R. e Datta, N.P. 1971. O fosfato de rocha como fertilizante para aplicação direta em solos ácidos. *J. Indian Soci. Soil Sci.* **19** (1) : 107-113.

Nahas, E. 1996. Factores que determinam a solubilização de fosfato de rocha por microrganismos isolados do solo. *World J. of Microbiology and Bio-technology.* **12** (5) : 567-572.

Nemeth, T.; Magyar, M.; Csatho, P.; Osztoics, E.; Baczo, G.; Hollo, S. e Nemeth, I. 2002. Avaliação de campo a longo prazo das estratégias de utilização de rocha fosfática e superfosfato em ácidos siolares da Hungria. *Ciclo de Nutrientes e Ageoecossistemas.* **63 :** 81-89.

Notholt, A.J.G. 1974. *Proc. Ind. Miner. Int Congr.,* 1st pp. 104-120.

Olsen, S.R.; Cole, C.V. e Dean, L.A. 1954. Estimativa do fósforo disponível no siol por extração com bicarbonato de sódio. U.S.D. Cir No. 939. Washington.

Oster, J. D. & Frenkel, H. 1980. A química da recuperação de solos sódicos com gesso e cal. *Soil Sci Soc Am Journal.* **44** (1) : 41-45.

Pandey, D.; Singh, J.P.; Kashyap, Namita e Dwivedi, G.K. 2003. Resposta de micorrizas arbusculares vasiculares (VAM), *rizóbios* e fontes de fósforo na nodulação, crescimento e rendimento da variedade de ervilha VL-7. *Crop Research Hisar.* **25** (2) : 333-336.

Pathak, H.; Kushwaha, J.S. e Jain, M.C. 1992. Avaliação do valor de adubação do chorume gasto com biogás compostado com folhas secas de manga, palha de trigo e fosfato de rocha na cultura do trigo. *Journal of the Indian Society of Soil Science* **40** (4): 753-757.

Prakash, Anil e Vandana, Tandon. 2002. Exploiting Mycorrhiza for oilseed crop production. *Biotechnology of Microbes and Sustainable Utilization*: pp. 33-38.

Purnomo, E. e Black, A.S. 1994. Crescimento do trigo com fertilizantes de fósforo afetado pelo tempo e método de aplicação. *Investigação sobre Fertilizantes.* **39** : 77-82.

Rahmoune, C.; Maalem, S.; Redjel, F.; Hioun, S. e Bennaceur, M. 2001. Resposta fisiológica e bioquímica de duas variedades precoces de trigo à fertilização com rocha fosfática e TSP em terras semi-áridas. *Nutrição vegetal - Segurança alimentar e sustentabilidade dos agroecossistemas*: pp. 828-829.

Rajan, S.S.S., Watkinson, J.H. e Sinclair, A.G. 1996. Rocha fosfática para aplicação direta nos solos. *Advances Agron.* **57** : 78-159.

Ram, D.; Bhandari, S.C.e Ram, M. 1997. Avaliação do fosfato de rocha acidulado com pirites com propriedades físico-químicas do solo Torripsamments típico. *Crop Research Hisar.* **13** (3) : 579-582.

Ramirez, R.; Mendoza, B. e Lizaso, J.I. 2009. Efeito da micorriza na absorção de P do milho a partir de rocha fosfática e superfosfato. *Comunicações em Ciência do Solo e Análise de Plantas.* **40** (13/14) : 2058-2071.

Rana, D.S.; Meelu, O.P.; Sharma, K.N. e Randhawa, N.S. 1975. Effect of phosphobacteria on the availability of phosphorous from rock phosphate to wheat. *Jornal de investigação da Universidade de Agricultura de Punjab.* **12** (3) : 232-235.

Ranawat, Puspendra; Kosanam, M.K. e Sharma, N.K. 2009. Um processo de fabrico de fertilizante de libertação lenta a partir de fosfato de rocha de baixo grau e de rejeitos siliciosos por fusão com serpentinite. *Current Science.* **96** : 843-848.

Rasal, P.H.; Jadhav, V.R.; Nazirkar, R.B.; Kalbhor, H.B. e Pawar, K.B. 2002. Avaliação quantitativa do fosfocomposto e sua eficácia no amendoim: Sistema de cultivo de trigo e saúde do solo. *Jornal das Universidades Agrícolas de Maharashtra.* **27** (2) : 156-160.

Rastogi, S.K.; Mishra, B. e Gildyal, B.P. 1976. Efeitos das pirites e da matéria orgânica na libertação de fósforo do fosfato de rocha. *J. Indian Soc. Soil Sci.* **24** :175-181.

Ray, B.Van e Diest, A.Van. 1979. Utilização de fosfato de diferentes fontes por seis espécies de plantas. *Plant and Soil.* **51** : 577-589.

Richter, D.D. 1994. Alterações químicas do solo durante três décadas num antigo ecossistema de pinheiro bravo *(Pinus taeda* L.). *Ecologia* **75** : 1463-1473.

Sanyal, S.K. e DeDatta, S.K. 1991. Química da transformação do fósforo no solo. *Adv. Soil Sci.* **16** : 1-120

Sekhar, D.M.R. e Aery, N.C. 2001. Fosfato de rocha com FYM como fertilizantes em solo neutro e semanalmente alcalino. *Current Science.* **80** (9)10 de maio.

Sekhar, D.M.R.; Aery, N.C. e Gupta, D.K. 2002. Fertilizantes fosfatados: uma abordagem alternativa. *Indian Chem. Engr.* Section B. 44 (3) julho-setembro.

Sharma, C.M. e Bharadwaj, S.K. 1991. Efeito residual do fosfato de rocha de udaipur no rendimento de grãos de milho e na absorção de nutrientes. *Indian J. Agronomy.* **36** (4) : 590-592.

Sharma, Jagdev; Sharma, C.R. e Sharma, J. 1997. Efeitos diretos e residuais do composto enriquecido com fosfato de rocha de mussoorie na sequência trigo-arroz. *Indian Journal Agricultural Sciences.* **67** (7) : 299-302.

Sharma, S.N. 2003. Efeito das bactérias solubilizadoras de fósforo na eficiência do fosfato de rocha de Mussoorie no sistema de cultivo arroz-trigo. *Indian J. of Agric. Sci.* **73** (9) : 478-481.

Sharma, S.N. e Prasd, R. 1996. Mistura de fosfato de rocha de Mussoorie e pirites como fertilizante fosfatado. *Investigação sobre fertilizantes* 45 : 187-191.

Singh, C.P.; Mishra, M.M. e Kapoor, K.K. 1982. Solubilização de fosfatos insolúveis por fungos mesófilos. *Revue d' Ecologie et de Biologie du Sol.* **19** (1) : 17-25.

Singh, Dasrath; Mannikar, N.D. e Srivas. N.C. 1978. Desempenho comparativo de fosfato de rocha indígena e superfosfato no sistema de cultivo de forragem-leguminosa. *J. Indian Soci. Soil Sci.* **27** (2) : 170-173.

Singh, J.P. e Rai, R.K. 2003. Parâmetro de crescimento, absorção de nutrientes e fertilidade do solo no trigo, influenciados pelo nível de fósforo e PSB. *Indian J. Agronomy.* **48** (3) : 182-185.

Singh, S. e Kapoor, K.K. 1999. A inoculação com microrganismos solubilizadores de fosfato e um fungo micorrízico vescular-arbustivo melhora a produção de matéria seca e a absorção de nutrientes pelo trigo cultivado em solos arenosos. *Biol Fertil Soils* **28** : 139-144.

Singh, Vinay; Singh, R.P. e Totawat, K.L. 2004. Effect of phosphorous and zinc nutrition on wheat in soils of sub-humid plains of Rajasthan. *Indian J. Agronomy.* **49** (1) : 46-48.

Singh, Yadvinder; Singh, Bijay; Gupta, R. K.; Ladha, J. K.; Bains, J. S. e Singh, Jagmohan. 2008. Evaluation of press mud cake as a source of nitrogen and phosphorus for rice-wheat cropping system in the Indo-Gangetic plains of India. *Biology and Fertility of Soils.* **44** (5) : 755-762.

Srinivasan, G. e Venkatesan, K. 2002. Resposta do algodão irrigado no verão (*Gossypium hirsutum*) às fontes, níveis e gestão do fósforo. *Indian Journal of Agronomy.* **47** (1) : 120-122.

Sunita, Gaind .; Pandey, A.K. e Lata. 2006. Biomassa microbiana, nutrição de P e actividades enzimáticas do solo de trigo em resposta a adubos orgânicos e inorgânicos enriquecidos com fósforo. *Journal of Environmental Science and Health* Part-B **41** (2): 177-1 87.

Tanwar, S.P.S. e Shaktawat, M.S. 2003. Influência das fontes, níveis e solubilizadores de fósforo no rendimento, qualidade e absorção de nutrientes do sistema de cultivo soja-trigo no sul do Rajastão. *Indian Journal of Agricultural Sciences.* **73** (1) : 3-7.

Tarafdar, J. C. e Kumar, P. 1996. The role of Vesicular-arbuscular mycorrhiza fungi on crop, tree and grasses grown in an arid environment. *J. Arid Environ.* **34** : 197-203.

Tisdale, S. L. e Nelson, W. L. 1975. *Soil fertility and fertilizer (Fertilidade do solo e fertilizantes), 3rd ed.* Pearsion edu. pp 208209.

Verma, L.N. e Rawat, A.K. 1999. Fosfato de rocha de baixo grau: uma fonte complementar de fósforo no sistema de cultivo soja-trigo. *Indian J. of Agric. Sci.* **69** (4) : 297-299.

Verma, L.P.; Warsi, A.S. e Yadav, D.S. 1987. Evolução do fosfato de rocha como fonte de fósforo na cultura do trigo. *Indian J. Agronomy.* **32** (1) : 49-51.

Waigwa, M.W.; Othieno,C.O. e Okalebo, J.R. 2003. Disponibilidade de fósforo afetada pela aplicação de rocha fosfática combinada com materiais orgânicos em solos ácidos no oeste do Quénia. *Agricultura Experimental.* **39** (4) : 395-407.

Wakelin, S. A.; Warren, R. A.; Harvey, P. R. e Ryder, M. H. 2004. Phosphorous solubilization by *Penicillium Spp.* closely associated with wheat roots. *Biol. Fertil Soils.* **40** : 36-43.

Wang, G.U.; Zhou, D.R.; Yang, Q.; Jin, J. e Liu, X.B. 2005. Solubilização de fosfato de rocha em cultura líquida por isolados fúngicos de solos da rizosfera. *Pedosfera.* **15** (4) : 532-528.

Whitelaw, M.A. 2000. Promoção do crescimento de plantas inoculadas com fungos solubilizadores de fósforo. *Adv. Agronomy.* **69** : 91- 151.

Yadav, B.K. 2006. Efeito do fosfato de rocha de Udaipur de baixo grau parcialmente acidulado na cultura do trigo. *Current-Agriculture.* **30**(1/2): 101-105.

Zapata F. e A.R. Zaharah, 2002. Disponibilidade de fósforo de rocha fosfática e lodo de esgoto influenciada pela adição de fertilizante fosfatado solúvel em água. *Ciclo de nutrientes em agroecossistemas.* **63** (1): 43-48.

Zapata, F. 2003. Actividades de investigação da FAO/IAEA sobre a aplicação direta de rochas fosfáticas para uma produção agrícola sustentável. *Em* S.S.S. Rajan & S.H. Chien, eds. *Diret application of phosphate rock and related technology: latest developments and practical experiences.* Proc. Int. Meeting, Kuala Lumpur, 16-20 de julho de 2001 Muscle Shoals, EUA, IFDC. 441 p.

Apêndice I

Weakly meteorological data during crop season (*Rabi* 2009-2010)

Station Name	:Pantnagar		Longitude		:79^0 30'E	
Altitude	:243.84 m AMSL		Latitude		:29^0 N	
Standard Meteorological Weak	Temperature ^{0}C		Relative Humidity		Rainfall (mm)	Sunshine hours/day
No.	Max.	Min.	7.00AM	2.00PM		
December, 2009						
48	30.0	9.5	90	43	00.0	07.6
49	24.8	8.1	91	44	00.0	07.6
50	23.9	9.2	91	47	00.0	05.3
51	23.4	5.8	93	45	00.0	07.4
52	20.3	4.0	94	54	00.0	06..9
January, 2010						
1	15.0	8.3	94	74	01.2	02.0
2	15.5	6.4	93	72	02.6	02.8
3	13.5	8.2	94	87	00.0	01.1
4	18.5	5.1	94	59	00.0	04.9
5	22.8	5.2	91	46	00.0	06.8
February, 2010						
6	22.5	9.7	91	58	32.2	05.8
7	23.6	8.3	90	54	00.0	07.3
8	24.4	10.1	80	47	00.0	08.8
9	28.4	12.5	86	55	00.0	08.5
March, 2010						
10	28.7	12.5	87	42	00.2	09.3
11	30.4	13.2	86	36	00.0	09.3
12	33.8	16.1	88	33	00.0	08.8
13	35.9	16.0	82	22	00.0	08.6
April, 201076						
14	37.4	15.0	76	20	00.0	10.0
15	40.6	17.2	69	13	00.0	09.8
16	39.6	23.7	57	24	00.0	07.0
17	39.3	19.0	54	21	00.0	09.7

Apêndice-II

Pre and post cultural operations during experiment		
SI.No.	**Operations**	**Date**
1	Pre-sowing irrigation	20-10-2009
2	One way harrowing	06-11-2009
3	Cross harrowing leveling	07-11-2009
4	Lay out demarcation and plot leveling	25-11-2009
5	Basal fertilizer application and lime demarcation	02-12-2009
6	Sowing of crop seed by opening furrow and covering of seed	02-12-2009
7	Preparation of bund and channels	12-12-2009
8	Germination count	17-12-2009
9	Irrigation 1st	17-12-2009
10	Irrigation 2nd	23-01-2010
11	Irrigation 3rd	20-02-2010
12	Irrigation 4th	15-03-2010
13	Irrigation 5th	28-03-2010
14	Top dressing of nitrogen	21-12-2009
15	Top dressing of phosphorous	21-12-2009
16	Manual weeding 1st	15-01-2010
17	Manual weeding 2nd	10-02-2010
17	Top dressing of nitrogen	25-02-2010
18	Harvesting of net plot	15-04-2010

Apêndice-III

Análises de variância para a emergência da cultura e rebentos (m^{-2}) em várias fases

Source of variation	d.f.	Mean sum of squares					
		Emergence	Shoot				
		15DAS	30DAS	45DAS	60DAS	90DAS	At harvest
Replication	2	50.825	599.400	1555.800	2248.400	1149.450	3579.700
Treatment	9	2093.435**	6875.48*	17147.33*	7607.407*	4942.796*	2537.593**
Error	18	557.315	2082.215	2565.467	2663.863	1371.635	640.959

Apêndice -IV

Análise de variância para altura da planta (cm) em vários estágios

Sources of variation	d.f.	Mean sum of squares			
		30DAS	60DAS	90DAS	At harvest
Replication	2	5.970	25.237	35.639	54.432
Treatment	9	1.162	6.966	6.765	3.379
Error	18	2.721	16.255	13.086	5.837

Apêndice -V

Análise de variância para a acumulação de matéria seca da cultura (g m^{-2}) em várias fases

Sources of variation	d.f.	Mean sum of squares			
		30DAS	60DAS	90DAS	At harvest
Replication	2	0.3849	48.550	179.400	7312.400
Treatment	9	115.320**	3884.963**	39175.04**	111599.3**
Error	18	1.856	477.290	8187.659	5456.771

Apêndice -VI

Análise de variância para caracteres de rendimento na colheita

Sources of variation	d.f.	Mean sum of squares					
		No. of spike m^{-2}	Spike length (cm)	No. of fertile spikelets per spike	No. of sterile spikelets per spike	No. of grain per spike	1000 grain weight (g)
Replication	2	437.450	0.1656	0.0493	0.0823	14.288	28.440
Treatment	9	2525.833**	0.3966*	1.6629*	0.2366*	7.499	6.220
Error	18	393.727	0.2869	1.4799	0.05862	15.238	7.677

Apêndice -VII

Análises de variância para o rendimento de grãos, rendimento de palha, rendimento biológico, relação grãos/palha e índice de colheita

Sources of variation	d.f.	Mean sum of squares				
		Grain yield (q ha^{-1})	Straw yield (q ha^{-1})	Biological yield (q ha^{-1})	Grain : straw ratio	Harvest index (%)
Replication	2	73.501	218.121	39.215	0.0758	0.00941
Treatment	9	12.471*	17.108	50.827*	0.0021	0.00018*
Error	18	8.707	35.942	35.645	0.0084	0.00092

Apêndice -VIII

Análise de variância da condutividade eléctrica do carbono orgânico do solo e do pH após a colheita

Sources of variation	d.f.	Mean sum of squares		
		Organic carbon (%)	Electrical conductivity (dsm^{-1})	pH
Replication	2	0.0000047	0.000063	0.00855
Treatment	9	0.00086**	0.01017**	0.01439
Error	18	0.00022	0.00027	0.0303

Apêndice -IX

Análise de variância para o azoto, o fósforo e o potássio disponíveis no solo após a colheita

Sources of variation	d.f.	Mean sum of squares		
		Nitrogen (kg ha^{-1})	Phosphorous (kg ha^{-1})	Potassium (kg ha^{-1})
Replication	2	9.856	0.3990	61.668
Treatment	9	25.895**	2.8027**	185.900**
Error	18	25.762	0.1810	32.258

Apêndice -X

Análise de variância para o teor de azoto (%) na planta e absorção (kg ha)$^{-1}$

Sources of variation	d.f.	Mean sum of squares				
		Grain		Straw		Total uptake (kg ha^{-1})
		Content (%)	Uptake (kg ha^{-1})	Content (%)	Uptake (kg ha^{-1})	
Replication	2	0.00176	175.293	0.000203	35.7291	56.115
Treatment	9	0.0292**	125.953**	0.005346**	19.5112*	153.760**
Error	18	0.00076	27.753	0.0002588	7.5856	30.202

Apêndice -XI

Análises de variância para Teor de fósforo (%) na planta e absorção (kg ha)-1

Sources of variation	d.f.	Mean sum of squares				
		Grain		straw		Total uptake (kg ha^{-1})
		Content (%)	Uptake (kg ha^{-1})	Content (%)	Uptake (kg ha^{-1})	
Replication	2	0.0000007	5.866	0.0000040	3.0706	0.4888
Treatment	9	0.000627**	2.742*	0.000246**	1.5710*	4.6310*
Error	18	0.000013	0.818	0.000009	0.6238	1.2750

Apêndice -XII

Análise de variância para o teor de potássio (%) na planta e absorção (kg ha)-1

Sources of variation	d.f.	Mean sum of squares				
		Grain		straw		Total uptake (kg ha^{-1})
		Content (%)	Uptake (kg ha^{-1})	Content (%)	Uptake (kg ha^{-1})	
Replication	2	0.000612	84.403	0.004213	283.582	60.5250
Treatment	9	0.01859**	31.002*	0.01373**	71.041*	139.0833*
Error	18	0.00118	10.912	0.000561	75.906	81.9312

Apêndice -XIII

Custo dos factores de produção utilizados

Cost of different input resources	Unit	Cost (Rs.)
		2009-2010
Wheat seed	/kg	22.00
FYM	/t	500.00
Urea	/q	468.36
SSP	/q	348.00
MOP	/q	470.00
PSB	/0.5 L	50.00
Pressmud	/q	50.00
Pyrite	/q	400.00
Rock phosphate	/q	400.00
Operational charge		
Tractor charge	/hr	350.00
Irrigation	/hr	60.00
Labour charge	/man day	106.00
Time taken in operation (hr/ha)		
Harrowing	hr/ha	2.00
Planking	hr/ha	1.00
Sowing	hr/ha	3.00
Irrigation	hr/ha	10.00
Output price		
Wheat grain*	/q	1100.00
Wheat straw**	/q	250.00

* based on minimum support prices ** Local mandi price

Custo fixo da cultura do trigo (Rs ha'¹)

Input resource	Quantity/ha	Cost (Rs./ha)
		2009-20010
Field preparation	4 harrowing +2 planking	3500.00
Seed	100 kg	2200.00
Sowing	/ha+1 manday	1125.00
Irrigation*	5 irrigation+5x2 manday	4060.00
Weeding	2 hand weeding (20 mandays /weeding)	4240.00
Harvesting	Combine+2 mandays	2012.00
Miscellaneous	-	500.00
	Total	**17637.00**

Custo do tratamento em trigo

Treatment	ha^{-1}			Rs.
(T_1) SSP alone	150 kg N through urea	326 kg		1526.00
	60 kg P_2O_5 through SSP	375 kg		1305.00
	40 kg K_2O through MOP	66.6 kg		313.00
	2 mandays			424.00
			Total	**3568.00**
(T_2) RP	150 kg N through urea	326 kg		1526.00
	60 kg P_2O_5 through RP	300 kg		1200.00
	40 kg K_2O through MOP	66.6 kg		313.00
	4 mandays			424.00
			Total	**3463.00**
(T_3) RP+Gypsum	150 kg N through urea	326 kg		1526.00
	60 kg P_2O_5 through RP	300 kg		1200.00
	Gypsum	125 kg		75.00
	40 kg K_2O through MOP	66.6 kg		313.00
	4 mandays			424.00
			Total	**3538.00**
(T_4)RP+ SSP	150 kg N through urea	326 kg		1526.00
	30 kg P_2O_5 through RP	150 kg		600.00
	30 kg P_2O_5 through SSP	188 kg		652.50
	40 kg K_2O through MOP	66.6 kg		313.00
	4 mandays			424.00

Treatment	Input	Quantity	Cost
		Total	**3515.50**
(T_5) RP+PSB	150 kg N through urea	326 kg	1526.00
	60 kg P_2O_5 through RP	300 kg	1200.00
	PSB	2.0 liter	200.00
	40 kg K_2O through MOP	66.6 kg	313.00
	4 mandays		424.00
		Total	**3663.00**
(T_6) RP+FYM	150 kg N through urea	326 kg	1526.00
	60 kg P_2O_5 throug RP	300 kg	1200.00
	40 kg K_2O through MOP	66.6 kg	313.00
	FYM	300 kg	150.00
	4 mandays		424.00
		Total	**3613.00**
(T_7) RP+FYM+PSB	150 kg N through urea	326 kg	1526.00
	60 kg P_2O_5 through RP	300 kg	1200.00
	40 kg K_2O through MOP	66.6 kg	313.00
	PSB	2.0 liter	200.00
	FYM	300 kg	150.00
	4 mandays		424.00
		Total	**3813.00**
(T_8) RP+PM	150 kg N through urea	326 kg	1526.00
	60 kg P_2O_5 through RP	300 kg	1200.00
	Press Mud	300 kg	150.00
	40 kg K_2O through MOP	66.6 kg	313..00
	4 mandays		424.00
		Total	**3613.00**
(T_9) RP+PM+PSB	150 kg N through urea	326 kg	1526.00
	60 kg P_2O_5 through RP	300 kg	1200.00
	40 kg K_2O through MOP	66.6 kg	313.00
	Press Mud	300 kg	150.00.
	PSB	2.0 liter	200.00
	4 mandays		424.00
		Total	**3813.00**
(T_{10}) RP + Pyrites	150 kg N through urea	326 kg	1526.00
	60 kg P_2O_5 through RP	300 kg	1200.00
	40 kg K_2O through MOP	66.6 kg	313.00
	Pyrites	300 kg	1200.00
	4 mandays		424.00
		Total	**4663.00**

Custo total em trigo

Treatments	Fixed cost	Treatment cost	Total cost
(T_1) SSP alone	17637.00	3568.00	21205.00
(T_2) RP alone	17637.00	3463.00	21100.00
(T_3) RP+Gypsum	17637.00	3538.00	21175.00
(T_4) RP+SSP	17637.00	3515.50	21152.50
(T_5) RP+PSB	17637.00	3663.00	21300.00
(T_6) RP+FYM	17637.00	3613.00	21250.00
(T_7) RP+FYM+PSB	17637.00	38133.00	21450.00
(T_8) RP+PM	17637.00	3613.00	21250.00
(T_9) RP+PM+PSB	17637.00	3813.00	21450.00
(T_{10}) RP+Pyrites	17637.00	4663.00	22300.00

MIX
Papier aus verantwortungsvollen Quellen
Paper from responsible sources
FSC® C105338

Printed by Books on Demand GmbH, Norderstedt / Germany